Java程序设计实用教程

主 编 吴冬芹 徐绕山

南京大学出版社

图书在版编目(CIP)数据

Java 程序设计实用教程 / 吴冬芹,徐绕山主编. --
南京:南京大学出版社,2023.12
ISBN 978 - 7 - 305 - 27430 - 5

Ⅰ. ①J… Ⅱ. ①吴… ②徐… Ⅲ. ①JAVA 语言—程序
设计—高等职业教育—教材 Ⅳ. ①TP312.8

中国国家版本馆 CIP 数据核字(2023)第 232882 号

出版发行 南京大学出版社
社　　址　南京市汉口路 22 号　　　　邮　编　210093
书　　名　**Java 程序设计实用教程**
　　　　　Java Chengxu Sheji Shiyong Jiaocheng
主　　编　吴冬芹　徐绕山
责任编辑　吕家慧　　　　　　　　编辑热线　025 - 83592123
照　　排　南京开卷文化传媒有限公司
印　　刷　丹阳兴华印务有限公司
开　　本　787 mm×1092 mm　1/16　印张 13.5　字数 320 千
版　　次　2023 年 12 月第 1 版　2023 年 12 月第 1 次印刷
ISBN　978 - 7 - 305 - 27430 - 5
定　　价　42.00 元

网　　址:http://www.njupco.com
官方微博:http://weibo.com/njupco
微信服务号:njuyuexue
销售咨询热线:(025)83594756

序 言

Java 具有其他语言所没有的优良特性,例如它的跨平台性,使得基于 Java 开发的软件几乎没有平台移植的代价,因此 Java 成为众多软件生产厂家的首选语言。各本科高校、高职院校理工科专业,均以 Java 语言作为学生程序学习的入门语言。

目前在市面上有众多介绍 Java 的书籍和教材,其中不乏一些世界著名教材。但是这些教材内容大多庞杂晦涩,容易使得初学者产生畏难和厌倦心理,因此不适合初学者阅读。而国内的教材大都采用知识点讲解+上机手册的方式,使得知识点的掌握和学生的动手实践分离开来,很多学生在学习了知识点以后,仍然不知道如何动手做练习、编程序。

本教材立足于教学实际,结合编者多年的教学经验,选取通俗易懂的案例,并根据建构主义学习理论,从初学者程序知识建构的角度,展开教材的编写。

在教材的内容方面,本书以 Java 基本语法为基础,基于学习者的实际学习需要,以做好学生入门语言的教育为目标展开编写。教材内容涉及 Java 语言的主要方面,包括 Java 概述、Java 语言语法知识、面向对象的编程方法、Java 常用类库、Java I/O 系统、Java 异常处理机制等,比较全面地覆盖了 Java 语言的基础知识。

各章节的具体内容,均从任务驱动、知识讲解、动手实践、拓展提升四个部分展开论述。

(1) 在"任务驱动"模块,给出编程中的实际任务,并从任务内容、任务目标、实现思路三方面进行介绍,让读者对将要学习的知识有直观的印象。

(2) 在"知识讲解"模块,根据章节思维导图,合理安排各知识点的内容,并使用通俗易懂的语言,展开叙述。

(3) 在"动手实践"模块,一方面围绕基本知识点,完成"任务驱动"模块中的任务;另一方面,精心编写贴近生活的编程案例,对基本知识点进行巩固,提高初学者使用 Java 语言解决实际问题的能力。

（4）在"拓展提升"模块，一方面基于基础知识，拓展相关内容；另一方面通过综合实例，强化知识的高级应用，帮助初学者提高自身技能水平和知识储备。

本书适合 Java 语言的初学者，可以作为高等院校和专业技术学校讲授 Java 课程的教程或实例教程，也可以作为初学者的自学入门教材。

为了学习的顺利开展，教材配备了完整的代码资源、PPT 以及微课视频，在学习过程中，可以随时扫码，观看相应知识点的微课视频开展学习，也可以下载代码进行调试学习。

目　　录

第1章

Java 语言概述

在计算机软件的发展过程中,产生了各种不同的编程语言,这些编程语言有各自的语法和表达方式,使用这些语言能够让计算机实现各种用户期望的功能。在诸多语言中,Java 语言始终占有一席之地,在最受欢迎的编程语言排行榜上,Java 始终名列前茅。毫不夸张地说,它是一种充满无限可能的语言,吸引着无数编程人。

 学习目标

(1) 了解 Java 语言的发展历程;

(2) 了解 Java 语言的特点;

(3) 掌握 JDK 的下载、安装、环境配置的方法;

(4) 掌握 Java 程序编写的基本流程,理解 Java 程序运行的基本原理。

 本章知识地图

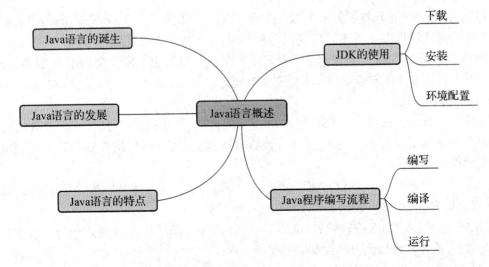

1.1 Java 语言概述

自计算机诞生至今,程序设计语言发展经历了面向机器、面向过程和面向对象 3 个阶段。面向机器阶段使用机器语言,用助记符代替机器指令的汇编语言编写程序。这类程序可读性、可维护性、可移植性极差,编程效率很低。面向过程阶段,使用高级程序设计语言编程,如 FORTRAN、PASCAL、C、语言等。面向过程的开发采用结构化控制结构和模块化设计,难以开发超大规模的应用程序,且系统的维护性和可扩展性较差。

面向对象编程语言有 Smalltalk、C++、Java 等。其中的 Java 语言是当前最受欢迎、应用最广泛的编程语言之一。Java 语言具有良好的可移植性,在不同平台上的表现基本相同,它常被用于开发各类应用程序,如 Web 应用程序、移动应用程序、桌面应用程序等,且具有广泛的使用范围和应用领域。

1. Java 语言的诞生

Java 诞生于一个名为 Sun 的公司,当时 Sun 公司正在研究一种适用于未来智能设备的编程语言,该语言起初命名为 Oak,起名的灵感来源于工程师 James Gosling 办公室窗外的一棵橡树(oak),但在当时的技术背景下,Oak 的出现并没有引起太大的关注。

直到 1994 年,随着 Internet 的飞速发展,互联网和浏览器的出现给 Oak 语言带来了新的发展机遇。James Gosling 团队重新对 Oak 语言进行了改造,并使用 Oak 语言完成了第一个名为 HotJava 的新型 Web 网页浏览器,该浏览器实时性较高、可靠、安全、有交互功能,并且它不依赖于任何硬件平台和软件平台,它的出现给广大互联网用户带来了福音。

但是,此时 Oak 商标已经被他人注册,James Gosling 就从手中的热咖啡联想到了印度尼西亚一个盛产咖啡的岛屿“爪哇”岛,根据其读音,Sun 公司将 Oak 更名为 Java。

1995 年 HotJava 同 Java 语言一起,正式对外发表,引起了巨大的轰动,Java 的地位随之得到肯定,此后 Java 语言得到了迅速发展。

2. Java 语言的发展

1996 年,Sun 公司发布了 Java 开发工具包 JDK 1.0(JDK 是 Java development kit 的简称),其中包括了进行 Java 开发所需要的各种实用程序、基本类库、程序实例等。

1998 年,Sun 公司发布了 JDK 1.2,JDK 1.2 是 Java 发展史上最重要的 JDK 版本,伴随 JDK 1.2 一起发布的还有 JSP/Servlet、EJB 等规范,并针对不同的领域特征,将 Java 分为 J2EE、J2SE 和 J2ME。

J2SE——标准 Java 平台,J2SE 是 Java 语言的标准版,指的就是 JDK(1.2 及其以后版本),包含 Java 基础类库和语法,它用于开发具有丰富的 GUI(图形用户界面)、复杂逻辑和高性能的桌面应用程序。

J2EE——企业级 Java 平台,J2EE 建立在 J2SE 之上,主要用于开发和部署分布式、基于组件、安全可靠、可伸缩和易于管理的企业级应用程序。

J2ME——嵌入式 Java 技术平台,J2ME 也是建立在 J2SE 之上,主要用于开发具有有限的连接、内存和用户界面能力的设备应用程序。

此分类延续至今,本书所讲述的为 J2SE,这也是学习 J2EE 和 J2ME 的基础。

在后续多年中，随着 Sun 公司不断发展，JDK 的版本也陆续更新。

2006 年 12 月，Sun 公司发布了 JDK 1.6。

2009 年 4 月，Sun 公司被 Oracle 公司收购，该交易总价值约为 74 亿美元。

2011 年 7 月，Oracle 公司发布了收购后的第一个新版本，并更改命名方式为 Java SE 7。

收购 Java 后，Oracle 公司不断发布新的 JDK 版本。最新的版本为 2022 年发布的 Java SE 16。

在 Java 语言的每个版本中均增加了大量新的特性，但对语法本身更新并不多，毕竟 Java 是一门足够成熟的编程语言。作为初学者，不必追逐最新的版本，掌握语言基本规则更为重要。

3. Java 语言的特点

Java 语言之所以受到软件开发者的欢迎，主要因为它具有如下特点。

（1）简单易学

Java 语言的语法规则和 C++ 类似，但 Java 语言取消了指针和多重继承，统一使用"引用"来指示对象。同时，Java 具有自动垃圾回收机制，简化了程序员的工作，降低了内存泄漏的风险。

（2）面向对象

Java 是一种面向对象的编程语言，它支持封装、继承和多态性。通过封装，可以隐藏实现细节并提高代码的安全性。通过继承，可以实现代码的重用。通过多态性，可以实现代码的灵活性和可扩展性。

（3）平台无关性

这是 Java 语言非常显著的一个优点。Java 程序可以在不同的操作系统上运行，因为 Java 虚拟机（JVM）在各个平台上都是可用的。这意味着一次编写，到处运行。

（4）面向网络编程

Java 语言产生之初就面向网络，在 JDK 中包括了支持 TCP/IP、HTTP 和 FTP 等协议的类库，在后续版本的更新中，面向网络编程的功能日益完善。

（5）多线程支持

Java 语言支持多线程编程，多线程是程序同时执行多个任务的一种功能。多线程机制能够使应用程序并行执行多项任务，其同步机制保证了各线程对共享数据的正确操作。

（6）良好的代码安全性

Java 具有严格的安全性机制，包括类加载器、字节码校验等，可以防止恶意代码的执行和访问系统资源。此外，Java 语言的沙箱机制也保证了代码的安全性。

（7）强大的开发工具库

Java 拥有丰富的类库和工具，提供了众多的 API，包括 GUI 开发、网络编程、数据库连接等，使得开发人员可以快速构建各种应用程序。

1.2 开发环境下载与安装

【任务驱动】

1. 任务介绍

了解 Java 语言的特点,下载 Java 开发环境 JDK,完成安装。在此基础上,完成环境配置,并测试环境配置是否成功。

2. 任务目标

能正确下载并安装 JDK,并能正确配置环境。

3. 实现思路

根据提示,登录 Java 官网下载 JDK,或者使用本书提供的链接直接下载 JDK。

【知识讲解】

1. 了解 JDK

Java 程序的运行,需要底层的支持,也就是 JDK。JDK 是 Java 开发工具包的缩写,它是用于开发 Java 程序的软件包。JDK 包含了 Java 编译器、Java"运行时环境"以及用于开发、调试和运行 Java 应用程序的其他工具。

JDK 的主要作用如下。

(1) 编译 Java 程序:JDK 提供了 Java 编译器(javac),可以将 Java 源代码编译成 Java 字节码文件(.class 文件),使其能够在 Java 虚拟机(JVM)上运行。

(2) 运行 Java 程序:JDK 内置了 Java"运行时环境"(JRE),可以直接运行经过编译的 Java 程序。

(3) 开发 Java 程序:JDK 提供了丰富的开发工具,如调试器(jdb)、性能分析器(jvisualvm)等,可以帮助开发人员进行程序的调试和优化。

(4) 提供 Java 标准类库:JDK 附带了 Java 标准类库,其中包含了丰富的类和接口,供开发人员在编写 Java 程序时使用。这些类和接口提供了各种功能,如输入输出、网络通信、数据库连接、图形用户界面等。

JDK 目前最新的版本为 JDK 16。初学者在选择时,不必追求最新的版本,可以挑选比较成熟稳定的版本,以获得完备的中文 API 可以参考。如 JDK 8、JDK 11 等版本。另外,在下载时,还需要根据个人电脑的操作系统,选择不同的版本进行下载。本书以较为成熟的 Java SE 13.0 为开发环境进行讲解,并提供软件下载链接与安装视频。

2. 开发环境 IDE 介绍

编写 Java 代码最原始的方式是使用记事本,这种方式的优点是有助于初学者充分理解所学的语法知识。因此在教材的基本知识部分,推荐使用记事本进行程序编写,帮助初学者充分理解 Java 程序编写、编译、运行的过程。

在掌握基本知识之后,将采用 IDE 进行 Java 程序的编写,本书选取的是 Eclipse。学习者也可以根据需要,选择其他 IDE 完成程序开发。

IDE(integrated development environment),指集成开发环境。在 Java 程序编写中,有很多 IDE 可供选择,典型的如 JBuilder、Eclipse、IntelliJ IDEA 等。

(1) NetBeans

NetBeans 是一款免费且开源的集成开发环境软件,由 Oracle 公司开发。该软件提供了对 Java、Python、C++等多种编程语言的支持,同时也支持代码编辑、调试、编译以及开发跨平台的桌面应用程序和 Web 应用程序。它还提供了许多实用的特性,例如自动完成、版本控制、模板和插件等,使得编程变得更加高效快捷。NetBeans 在全球范围内都有着广泛的用户群体,在不同领域和行业中应用广泛。

(2) IntelliJ IDEA

IntelliJ IDEA 是一款非常受欢迎的 IDE,被广泛用于 Java 应用程序的开发。

IntelliJ IDEA 提供了丰富的功能和工具,用于提高开发者的生产力和代码质量。它具有智能代码完成、代码导航、代码重构、调试和内建的版本控制等功能。它还支持多种编程语言,如 Java、Kotlin、Groovy 等,并提供了很多插件来满足开发者的需求。

总之,IntelliJ IDEA 是一款功能强大、易用且高度可定制的 IDE,非常适合用于 Java 开发和其他相关技术的开发。

(3) Eclipse

Eclipse 是基于 Java、开放源码的、可扩展的应用开发平台,具有成熟的可扩展的体系结构。它为编程人员提供了一流的 Java 集成开发环境。

Eclipse 是一个可以用于构建集成 Web 和应用程序的开发工具平台,其本身并不会提供大量的功能,而是通过插件来实现程序的快速开发功能。

虽然 Eclipse 是针对 Java 语言而设计而开发的,但是它的用途并不局限于 Java 语言,通过安装不同的插件 Eclipse 还可以支持诸如 C/C++、PHP、COBOL 等编程语言。Eclipse 本身是使用 Java 语言编写的,所以 Eclipse 支持跨平台操作。关于 Eclipse,读者可以从官网直接下载,网址:https://www.eclipse.org。

【动手实践】

1. JDK 下载

从 Oracle 公司的官方网站下载 Java 开发工具包(JDK)的各个版本。(网址:https://www.oracle.com/downloads/♯category-java)。

读者也可以进入编者的网盘直接下载 JDK 13(Windows x64 版本),链接地址永久有效。

网盘地址:https://pan.baidu.com/s/1DR－WMVp9I_PypKX7WCioIQ 提取码:dv1n。

在官网下载时,点击网址进入对应页面,如图 1 - 1 所示。在该页面,点击 Java SE 进入下载页面,选择不同的版本进行下载即可。

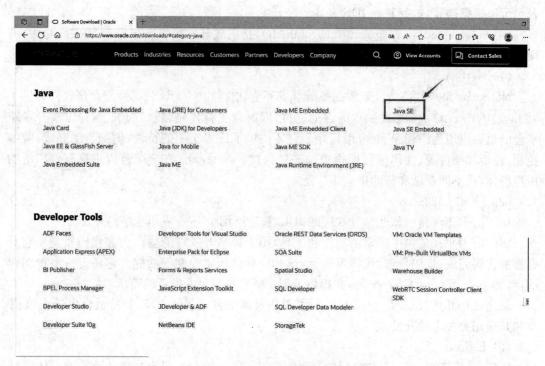

图 1-1　Java SE 下载页面

下载时，要在打开的页面中选择想要下载的 JDK 版本，再根据自己的操作系统，选择对应的安装包进行下载即可。如图 1-2 所示。对于初学者而言，使用较低版本的 JDK 即可，本教材提供的是 JDK 13 的下载与安装说明。

Linux　macOS　Windows

Product/file description	File size	Download
x64 Compressed Archive	180.99 MB	https://download.oracle.com/java/21/latest/jdk-21_windows-x64_bin.zip (sha256)
x64 Installer	160.12 MB	https://download.oracle.com/java/21/latest/jdk-21_windows-x64_bin.exe (sha256)
x64 MSI Installer	158.90 MB	https://download.oracle.com/java/21/latest/jdk-21_windows-x64_bin.msi (sha256)

图 1-2　下载列表

2. 安装

JDK 的安装过程简单，基本使用默认设置，注意安装目录（最好简单化）。下面提供在 Windows 操作系统下的安装步骤说明。双击下载好的 JDK 安装包文件，如图 1-3 所示图标，双击开始安装。

等待一段时间，会自动打开安装向导对话框，如图 1-4 所示。

jdk-13.0.2_windows-x64_bin.exe

图 1-3　开始安装

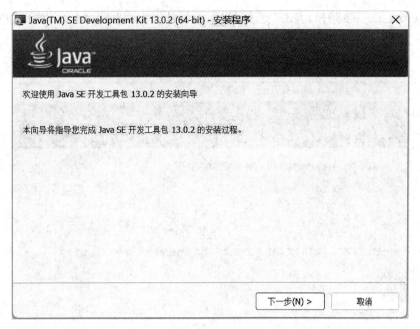

图 1-4　安装向导

单击"下一步"按钮,进入图 1-5 所示页面。

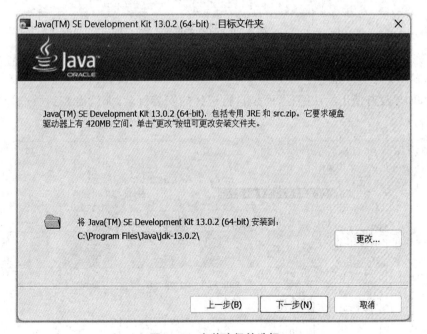

图 1-5　安装路径的选择

在该页面上,可以点击"更改"按钮,重新选择安装路径,或直接使用默认路径,然后点击"下一步",特别注意:要记住系统所选择的默认路径,本例中使用了系统默认路径 C:\Program Files\Java\jdk-13.0.2(记住该路径)。后续可以直接到该路径下,查看安装文件。

如果需要更改安装路径,点击"更改"按钮,自行选择安装路径,同样需要记住安装路径,后期在配置环境时会用到该路径。更改完路径后,点击"下一步"按钮,继续进行安装。稍等片刻后,即完成安装,如图 1-6 所示。点击"关闭"即可。

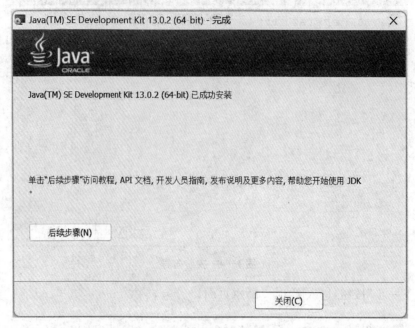

图 1-6 安装完成图

安装完成后,安装路径 C:\Program Files\Java\jdk-13.0.2(该路径后续配置环境会用到)下,有下述文件夹。如图 1-7 所示。

注意,如果没有使用默认路径,而是自行选择的安装目录,那就需要到所选择的安装目录下查看。

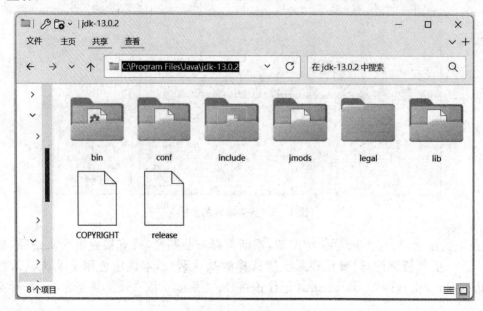

图 1-7 安装文件图

其中 bin 文件夹包含了 Java 程序开发中常见的编译命令等。

3. 开发环境的配置

（1）命令行模式

完成 JDK 的安装后，还需要对开发环境进行配置，才能利用 JDK 完成程序的编写。JDK 的配置，需要进入命令行模式。

进入命令行模式的方法如下。

在键盘上，同时按下 Windows 徽标键⊞+字母 R 键，在打开的运行窗口，输入命令 cmd，如图 1-8 所示。

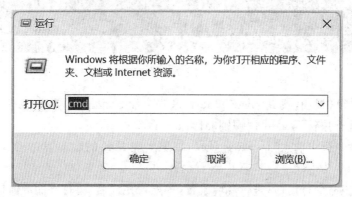

图 1-8　运行窗口

点击"确定"运行后，出现 Dos 命令行窗口，如图 1-9 所示。

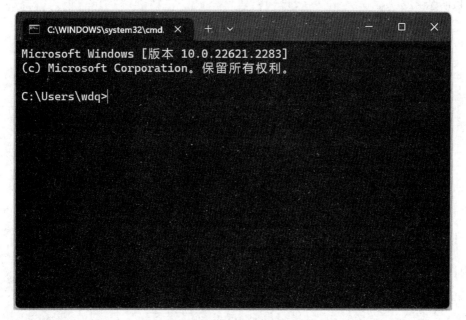

图 1-9　Dos 命令行窗口

在 Dos 命令行窗口，输入相关的命令进行测试，如直接输入 javac 和 java 两个命令，发现都给出了错误提示，如图 1-10 所示。

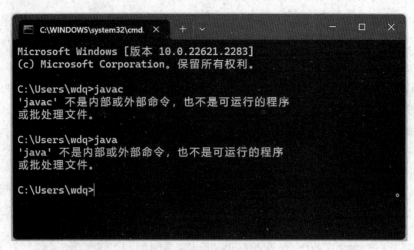

图 1 - 10 运行错误提示

这是因为计算机没有找到 javac 和 java 这两个命令，因此需要进行基本的环境变量配置，以便系统在任何路径下都可以识别 java,javac 命令。

也可以在命令行中输入" java -version"，如果出现 JDK 的版本信息，则表示 JDK 已成功安装并配置好。

现在，关掉该命令行窗口，进行环境配置，等配置完成后，再打开命令窗口。

（2）具体配置方法

右键单击"我的电脑"图标，操作【我的电脑】—【属性】—【高级系统设置】，出现窗口，如图1-11所示。

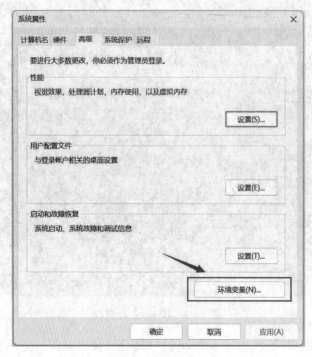

图 1 - 11 系统属性窗口

再点击【环境变量】,出现环境配置页面,如图1－12所示。

图1－12　环境变量配置

问题: 在图1－12中,既有用户变量,又有系统变量,应该选哪一个? 两者又有怎样的差别?

解答: 在Windows操作系统中,可能会有多个用户,因此这里的用户变量,指的是当前所登录到系统的用户,如果设置用户变量,只作用于登录当前操作系统的用户,对其他用户并不起作用。其他用户登录到本系统,将不受该设置的影响。

而系统变量,是针对整个操作系统而设置,因此设置系统变量后,不管是哪个用户,都会受到该设置的影响,即对所有登录当前操作系统的用户均有作用。如当前操作系统只有一个用户,不管选择哪种变量,设置的效果都是一样的。

本例中,选择设置系统变量。如图1－12所示,系统中已经有path变量,因此,点击"编辑"按钮,打开编辑页面,如图1－13所示。

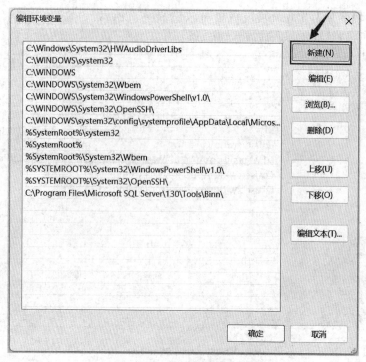

图 1 - 13　编辑环境变量页面

　　点击右侧"新建"按钮后,在编辑列表输入 Java 程序的 path 路径值,需要注意变量值是安装 Java 程序的路径,且需要在路径后加上 bin。完整路径如图 1 - 14 所示。

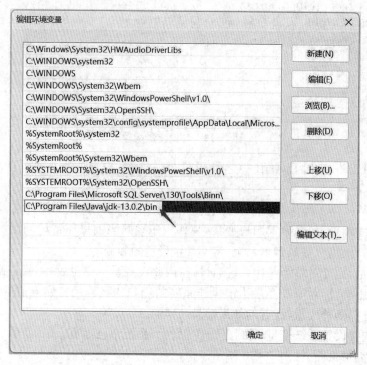

图 1 - 14　输入环境变量值

完成后,单击"确定"按钮,回到上一级窗口,继续单击"确定"按钮,即完成环境配置。

（3）测试环境配置是否成功

配置完成后,重新打开 Dos 命令行窗口,输入 javac 命令,出现如图 1 - 15 所示的界面,说明环境配置成功。这时下面就给出了一长串的提示,说明环境配置完成,到这里为止,Java 的开发环境就配置完成了。如图 1 - 15 所示。

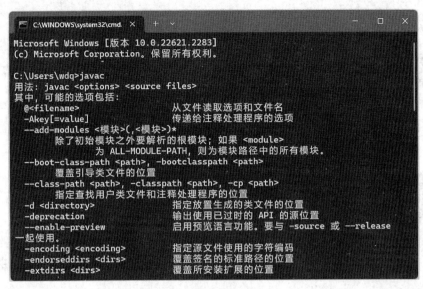

图 1 - 15　命令运行成功图

注意:在环境配置完成之后,必须重新进入命令行,输入命令进行测试,即关闭原来的命令行窗口,重新打开,配置才能生效。

【拓展提升】

1. path 的值与 bin 文件夹

在上述操作中进行环境配置时,将新建 path 变量的值设置为:C:\Program Files\Java\jdk-13.0.2\bin,在安装路径后面,加了一个\bin,bin 是什么呢?

其实这就是安装完成后,在安装路径下查看的文件夹,如图 1 - 7 所示。在 bin 文件夹中有 Java 语言可以执行的各种编译器、解释器等命令。

从这里,也可以理解 path 的作用,即配置 path 后,系统会根据 path 环境变量的值,也就是 bin 文件夹的位置查找 java、javac 等命令并加以执行,进而编译、运行 Java 程序。

关于环境配置,方法并不唯一,本书所述是较为简洁的方法。

2. classpath 参数

classpath 参数的作用:指出 Java 包的路径。JVM 解释执行 Java 程序时根据 classpath 设置的路径,在对应的文件夹及子文件夹中寻找指定类或接口的.class 文件,以最先找到的为准。简单地说,是告诉 Java 解释器在哪里找到.class 文件及相关的库程序,便于 JVM 加载 class 文件。

在较高版本的 JDK 中,通常无须设置 classpath 环境变量。因为 JDK 会自动搜索类,并将它们加载到内存中。但有时，在实验中，会出现编译正常，却提示找不到依赖的类，出现"Exception in thread main java.lang.NoClassDefFoundError"的提示信息。此时可以配置classpath 环境变量进行解决。

配置方法：在用户变量，或者系统环境变量中，点击新建，变量名为 classpath，在变量值中输入相应的值。如图 1 - 16 所示。

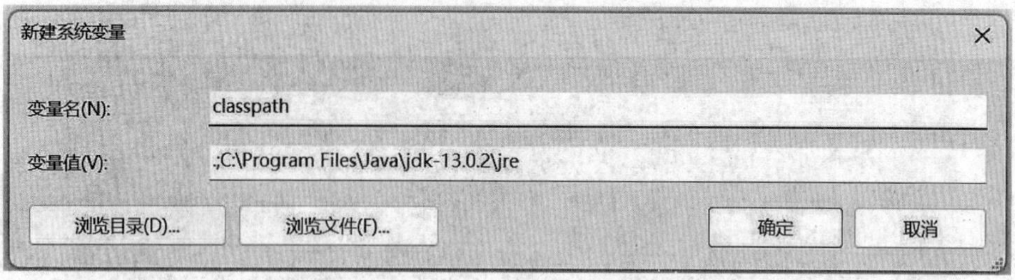

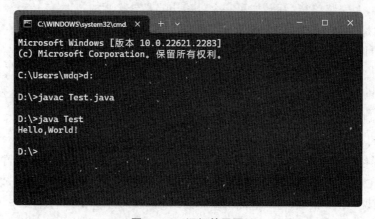

图 1 - 16　classpath 的配置

在设置 classpath 环境变量值时，需要在该路径前增加一个点号(.)代表当前路径。"."点号表示将当前目录包含进来。注意用分号为分隔符，同时注意值应为英文半角状态。因此完整的值为.;C:\Program Files\Java\jdk-13.0.2\jre。

注意：这里输入的 jre 目录的值，具体和安装路径有关，找到自己电脑中的 jre 路径，复制进来即可。JDK 较高版本的安装文件中，没有 jre 文件夹，还需要在命令行通过命令生成。

1.3　Java 程序编写入门

【任务驱动】

1. 任务介绍

编写第一个 Java 应用程序，编辑、编译、运行该程序，使用 javac 命令编译，使用 java 命令解释执行，该程序在命令行显示"Hello，World"，运行效果如图 1 - 17 所示。

图 1 - 17　运行效果图

2. 任务目标

学会 Java 程序编写、编译和运行的步骤，理解这一过程的基本原理。

3. 实现思路

首先使用文本编辑器完成代码的编写，其次使用 javac 命令实现程序的编译，并观察编译后产生的字节码文件，最后运行 Java 程序。

【知识讲解】

1. Java 应用程序(Java Application)

Java Application 能在 Java 平台上独立运行，是独立完整的程序，在命令行调用独立的解释器软件即可运行。应用程序的主类必须有一个 main 方法，这是 Java 应用程序执行的入口点，是 Java 应用程序的标志。输入输出可以是文本界面，也可以是图形界面。本教材主要讲解 Java Application 的开发与运行。

2. 字节码文件

字节码文件是 Java 语言的灵魂，Java 语言可以跨平台运行，正是因为有字节码的存在。在编写 Java 源文件以后，通过编译器编译会生成一个后缀为.class 的文件，称为字节码文件，字节码文件可以跨平台运行。

Java 语言的跨平台性能，本质上是有条件的跨平台，需要不同的平台实现它对应的虚拟机(JVM)，当不同平台实现了对应的虚拟机，编译以后的.class 文件，即字节码文件就可以在该平台上运行。

3. JVM、JDK 与 JRE

(1) 认识 JVM、JDK 与 JRE

JDK(Java development kit)：Java 开发工具包，提供了开发 Java 程序所需要的各种工具和资源。

JVM(Java virtual machine)：Java 虚拟机，任何一种可以运行 Java 字节码的软件均可看成是 Java 的"虚拟机"。只要不同平台实现相应的虚拟机，编译后的 Java 字节码就可以在该平台运行，可以把字节码视为 Java 虚拟机的指令组。

JRE(Java runtime environment)：Java 运行环境。

(2) JVM 与 JRE、JDK 之间的关系

JDK 包含 JRE，JRE 包含 JVM。如果要开发程序，需要安装 JDK，如果只是运行 Java 程序，只需要安装 JRE(不提供 JVM 的单独下载)，JVM 是运行 Java 程序的核心虚拟机，而运行 Java 程序不仅需要虚拟机，还需要其他的类加载器、字节码校验器、类库等。JRE 不仅包含 JVM，还包含运行 Java 程序的其他环境支持。因此要运行字节码文件，需要下载并安装相应的 JRE。作为开发者，需要下载并安装 JDK。

4. Java 程序编写的基本规则

编写 Java 程序，需遵守 Java 语言的规范。下面以最简单的 Java 程序对基本规则做简要说明。代码如下。

```
public class HelloWorld
{
  public static void main(String args[])
   {
    System.out.println(" Hello,World !");
    }
 }
```

注意：

（1）Java 程序严格区分大小写，如 HelloWorld 和 helloworld 是两个不同的类，在代码书写过程中需要注意。

（2）在该范例中，包含 main()方法的类 HelloWorld，称为主类，一个 Java 源代码文件中可以定义多个类，但只能有一个主类，该主类名，一般就是 Java 源文件名。

（3）main()方法是所有的 Java Application 执行的入口点，main 方法书写格式固定，在每一个 Java 程序中有且只能有一个 main 方法。

【动手实践】

1. 步骤一：编辑存盘

前期的程序中，建议使用记事本进行编辑。或使用其他文本编辑器，如：EditPlus，UltraEdit。等熟悉基本语句和语法后，再使用 IDE 集成开发环境。

在记事本中输入以下内容：

源文件 1－1　HelloWorld.java

```
public class HelloWorld   //注意,这里的公共类,类名与文件名是一致的
{
 public static void main(String args[])
  {
   System.out.println(" Hello,World !");
   }
}
```

Java 规定，Java 源程序的文件名须与该公共类名完全一致。所以该记事本文件的文件名，要与 public class 后的类名一致，且将扩展名由.txt 改为.java。修改时，弹出确认对话框，点击选择"是"，保存为 HelloWorld.java，如图 1－18 和图 1－19 所示。

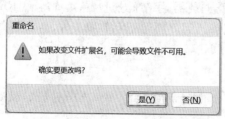

图 1－18　确认对话框

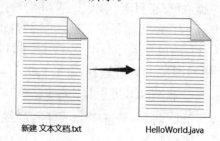

图 1－19　修改文件名

2. 步骤二:编译程序

使用 JDK 提供的工具 javac.exe 对 java 文件进行编译,生成扩展名为.class 字节码文件。在命令行输入:javac HelloWorld.java 进行编译。

在同一个目录下,生成字节码文件 HelloWorld.class。如图 1-20 所示。

图 1-20　**Java 程序编译、解释过程**

字节码文件是 Java 的灵魂,字节码可跨平台运行,即可以编写一次,到处运行。

3. 步骤三:运行程序

在命令行输入 java HelloWorld 进行解释执行,即可得到运行结果。具体命令如图 1-17所示。

【拓展提升】

1. System 类

在初期的程序中,经常会使用到 System.out.print()或 System.out.println()输出信息。这里涉及一个特殊的类:System。

System 类是 Java 中提供的一个包含了一些与系统交互有关的方法和属性的类。它是 Java 标准库中的一部分,位于 java.lang 包下。程序不能创建 System 类的对象,所以它提供了一些类属性和类方法,允许直接通过 System 类名来调用这些属性和方法。

使用 System.out.print()时,可以使用以下几种方式:

(1) 输出字符串:直接将字符串作为参数传递给 System.out.print(),该字符串将被直接输出。如:

```
System.out.print(" Hello World !");
```

(2) 输出变量的值:将变量作为参数传递给 System.out.print(),该变量的值将被转换为字符串输出。如:

```
int number= 10;
System.out.print(number);
```

(3) 输出表达式的结果:可以将表达式作为参数传递给 System.out.print(),它将计算表达式的结果并将其转换为字符串输出。如:

```
System.out.print(5 + 3);
```

System.out.print()输出后不会换行,如果需要换行,可以使用 System.out.println()方法。

2. Dos 常见命令

(1) 进入 Dos 常见命令窗口

为方便在命令行状态下进行程序的调试,这里拓展介绍常见的 Dos 命令。首先,按住键盘上的 Windows 徽标键+R 键,在打开的窗口中输入 cmd,进入 Dos 命令窗口。

（2）Dos 常见命令

cd:目录名,作用为进入特定的目录。

cd sy:表示进入 sy 目录。

cd /:退回到根目录。

cd..:退回到上一级目录。

切换盘符:直接输入盘符加冒号,如 e:。

cls:在命令行输入 cls,可清空屏幕。

（3）其他小技巧

在命令行状态下,有时候需要执行重复的命令,如何直接重复执行上一次输入的命令,而不用重新输入呢?

方法很简单,按住键盘上"向上的方向键",会直接显示上一次运行的命令,而不用重复输入。

1.4　本章小结

本章首先讲解了 Java 语言的诞生与发展过程,对 Java 语言的特点进行了简明扼要的介绍。其次对 Java 语言的环境 JDK 的下载、安装、运行做了详细的阐述。在安装过程中,注意选择正确的安装路径;安装完成后,将 JDK 的安装路径添加到系统的"Path"环境变量中,这样就可以在命令行中运行 Java 命令。在环境安装完成后,即可进行 Java 程序的编写。

一个 Java 程序可以包含多个类,其中包含 main()方法的类,被称为主类,而 main 方法就是主方法(main method)。在主方法中,可以编写任何需要执行的代码。主方法是程序的入口点,当程序运行时,Java 虚拟机会从主方法开始执行。

完成代码编写后,在命令行使用 javac 命令编译 Java 源文件,产生字节码文件,即.class 文件,最后使用 java 命令运行 Java 程序。

1.5　本章习题

一、填空题

1. Java 编译器可以将 Java 源程序编译成与机器无关的二进制代码文件,即字节码文件,它的扩展名是_____。

2. Java 简单易学,利用了_____的技术基础,但又独立于硬件结构,具有可移植性、健壮性、安全性、高性能。

3. Java 可以跨平台的原因是_____。

4. 在 Java 语言中,将后缀名为_____的源代码文件编译后形成后缀名为.class 的字节码文件。

5. Java 语言具有_____的特点,保证了软件的可移植性。

6. Java 源文件中最多只能有一个_____类,其他类的个数不限。

7. 任何一个 Java Application 方法必须有且只能有_____个 main 方法。

8. Java 源代码文件中可以定义多个类,但是其中只能有一个类含有 main 方法,含有 main 方法的类称为_____,按惯例该类名就是 Java 源文件名。

9. 编译一个 Java Application 使用的命令是_____。

10. 运行一个 Java Application 使用的命令是_____。

二、选择题

1. 下面关于 Java Application 结构特点描述中,错误的是(   )。

A. 一个 Java Application 由一个或多个文件组成,每个文件中可以定义一个或多个类,每个类由若干个方法和变量组成。

B. Java Application 中声明有 public 类时,则 Java 程序文件名必须与 public 类的类名相同,并区分大小写,扩展名为.java。

C. 组成 Java Application 的多个类中,有且仅有一个主类。

D. 一个.java 文件中定义多个类时,允许其中声明多个 public 类。

2. 下面关于 Java 语言特点的描述中,错误的是(   )。

A. Java 是纯面向对象编程语言,支持单继承和多继承。

B. Java 支持分布式的网络应用,可透明地访问网络上的其他对象。

C. Java 支持多线程编程。

D. Java 程序与平台无关、可移植性好。

3. 下列关于虚拟机说法错误的是(   )。

A. 虚拟机可以用软件实现。

B. 虚拟机部可以用硬件实现。

C. 字节码是虚拟机的机器码。

D. 虚拟机把代码程序与各操作系统和硬件分开。

4. Java 语言是 1995 年由(   )公司发布的。

A. Sun   B. Microsoft   C. Borland   D. Fox Software

5. 下面哪个选项是正确的 main 方法说明?(   )

A. void main()

B. private static void main(String args[])

C. public main(String args[])

D. public static void main(String args[])

6. 每一个 Java 程序编译后,每个类会对应生成(   )个字节码文件。

A. 1个   B. 2个   C. 3个   D. 4个

第2章

Java 语言基本语法

本章主要介绍编写 Java 程序必须掌握的基本语法知识。任何一门高级语言都有自己的语法规则，和其他语言相比，Java 语言的语法规则相对简单。Java 中的数据类型分为两类：基本数据类型和引用数据类型，程序设计中的常量、变量定义都和数据类型密不可分。

本章中介绍的 Java 基本语法知识，是后续学习的基础，建议初学者认真学习，完成实践任务，为后续的学习打下坚实的基础。

 学习目标

（1）理解 Java 中的标识符和关键字；
（2）掌握常量和变量的使用；
（3）理解数据类型的概念，掌握数据类型转换的方法；
（4）掌握常见运算符的使用。

 本章知识地图

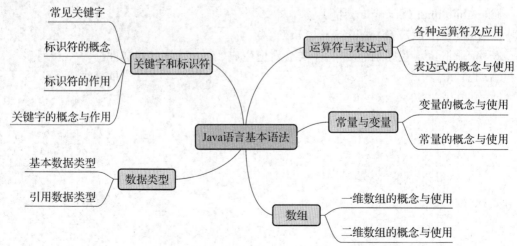

2.1 数据类型

在程序设计语言中,为了方便计算机对数据进行处理、存储,将数据按性质进行分类,每一类称为一种数据类型,数据类型定义了数据的性质、取值范围、存储方式、对数据所能进行的运算和操作。Java 语言是强类型语言,要求每个变量和表达式都有确定的类型,在变量赋值时要进行类型兼容性检验。

在 Java 中,数据类型用来确定变量存储的数据种类和范围。Java 中的数据类型可以分为两类:基本数据类型和引用数据类型。

基本数据类型也称为原始数据类型,是系统预先规定的一些常用类型。Java 提供了 8 种基本数据类型,这些基本数据类型都有固定的大小和默认值。引用数据类型是指非基本数据类型,它们包括类、接口、数组等。引用数据类型的变量存储的是对象的引用,而不是对象本身。通过引用,可以访问对象的属性和方法。

在 Java 中,通过声明变量时指定数据类型来定义变量的类型。例如:int num=10,其中,int 是数据类型,num 是变量名。

使用正确的数据类型可以确保在操作数据时能够得到正确的结果,并能够更有效地使用内存空间。

【任务驱动】

1. 任务介绍

学校要进行教师个人信息登记,请你帮助 Cindy 老师的完成个人资料卡的填写,用程序语言表达 Cindy 老师的各项信息。

姓名:Cindy

身高:163 cm

体重:48.5 kg

血型:B

是否为教师:是/true

2. 任务目标

理解数据类型的概念与区别,确定 Cindy 老师各项个人信息的数据类型。

3. 实现思路

分析 Cindy 老师各项信息的特点与意义,注意基本数据类型与引用数据类的区别,确定相应的数据类型。

【知识讲解】

1. 基本数据类型

在本例中,该如何正确地表达出 Cindy 老师的个人信息呢?这就涉及计算机中数据表达时的数据类型问题。Java 提供了 8 种基本数据类型(data type),这些基本数据类型都有固定的大小和默认值。这 8 种基本类型如下。

(1) 字符型/文本型(char)

表示通常意义上字符,用单引号括起来,如:' x'、'爱'、' A'、'＃'等。字符型用关键字 char 标识。

在内存中,Java 中的每个字符占 16 位,2 个字节的内存空间,它采用 Unicode 编码,用 \ u0000到\ uFFFF 之间的十六进制数值来表示,共能表示 65535 个不同的字符,范围为 0～65535。Unicode 编码支持所有的书面语言的字符,如每一个中文字符都有固定的编码。例如:小写 a 的编码值为 97,大写 A 编码值 65。

Unicode 字符表前 256 个字符和 ASCII 码重合,与 ASCII 码相比具有一定的优越性。Unicode 编码处理多语种的能力,使得 Java 程序具有更广泛的使用场景。

下面是字符变量定义的例子:

```
char ch;
char ch1,ch2;
char ch3= 'A',ch4= '家';
```

除了普通字符,Java 中还有一种特殊的字符——转义字符。对于那些被语言用作特定意义的字符,或者不能显式显示的字符,需用转义字符标记它们。例如,换行符用\ n 标记,水平制表符用\ t 标记。常用的转义字符的标记方法见表 2-1。

表 2-1 转义字符及其含义

转义符	含义
\ b	退格(Backspace 键)
\ n	换行符,光标位置移到下一行首
\ r	回车符,光标位置移到当前行首
\ t	水平制表符(Tab 键)
\ v	竖向退格符
\ f	走纸换页
\\	反斜杠符\
\'	单引号符'
\"	双引号符"
\ nnn	n 为 8 进制数字,用八进制数据表示字符的代码
\ unnnn	n 为 16 进制数字,用 16 进制数据表示字符的代码

(2) 整型(byte、short、int、long)

整数是不带小数点和指数的数值数据。Java 语言将整型数据按数值范围不同分成四种,每种有固定表数范围和字段长度,数据类型与存储空间的对应关系,如表 2-2 所示。

字节整型:用 byte 标识。1 个字节,8 位,取值范围是 $-2^7 \sim 2^7-1$。

短整型:用 short 标识。2 个字节,16 位,取值范围是 $-2^{16} \sim 2^{16}-1$。

基本整型:用 int 标识。4 个字节,32 位,取值范围是 $-2^{31} \sim 2^{31}-1$。

长整型:用 long 标识。8 个字节,64 位,取值范围是 $-2^{63} \sim 2^{63}-1$。

每种整数类型处理不同范围的整数值,并且都是带符号的。

表 2 - 2　整型分类

类型	占用存储空间	表数范围
byte	1 字节	$-128 \sim 127$
short	2 字节	$-2^{15} \sim 2^{15}-1$
int	4 字节	$-2^{31} \sim 2^{31}-1$
long	8 字节	$-2^{63} \sim 2^{63}-1$

由于计算机只能表示整数的一个子集,表达更大范围内的整数需要更多的二进制位,所以在表 2 - 2 中,使用二进制进行表达。除了二进制,在程序设计语言中,还有十进制、八进制、十六进制。

十进制:1239

八进制:以数字 0 开头,如 0767

十六进制:以 0x 开头,如 0x3ABC

(3) 浮点数型(float、double)

浮点数型也称实型,浮点数是带小数点或指数的数值数据。Java 语言的浮点数有单精度和双精度两种。

单精度型:用 float 标识,占 4 个字节,32 位。float 型常数书写的方法是在实数之后加上字母 F 或 f。例如:23.54f,12389.987F。

双精度型:用 double 标识,占 8 个字节,64 位。double 型常数书写的方法有两种:一种是直接写一个实数,也可以在实数后面加上字母 D 或 d。例如:123.5439、123.5439D,123.5439d。另一种是科学计数法,用 10 的方幂表示(用字符 e 或 E 表示幂底 10)。例如:123.24E40(科学计数法表示,值为 123.24 乘 10 的 40 次方)。

以下是浮点数类型变量定义的例子:

```
float x, y;
double v= 12.86,u= 2431098.987D;
float u= 12.36f;
```

(4) 逻辑型/布尔型(boolean)

逻辑型用关键字 boolean 标识,也称布尔型。逻辑类型只有真和假两个值,true 表示真,false 表示假。

```
boolean b;
boolean flg1,flg2, 美丽;//一次定义多个变量
boolean b1= true,b2=  false,丑= false;//定义时可以赋初值
```

布尔型占 8 位,缺省为 false,只允许取值 true 或 false。它适用于逻辑运算,一般用于程序流程控制。

注意:区别于其他语言,在 Java 中不可以用 0 或非 0 的整数替代 true 和 false。

2. 引用数据类型

在 Java 中"引用"是指向一个对象在内存中的位置,本质上是一种带有很强的完整性和安全性限制的指针。引用类型包括:类、接口、数组,与其他语言中的指针有类似的地方,但也有本质的不同,指针可以有++,--运算,引用类型则不可以运算。

例如,教师姓名为"Cindy",这里的"Cindy"由多个字符构成,在 Java 中用字符串类 String 来表达,而字符串类属于类类型,属于引用类型范畴。具体使用,会在后续章节继续讲解。

【动手实践】

在理解数据类型概念的基础上,就可以确定 Cindy 老师的各项信息的数据类型了。具体如下。

姓名:Cindy   (引用类型)
身高:163 cm   (整型)
体重:48.5 kg   (单精度浮点型)
血型:B   (字符型)
是否为教师:是/true   (布尔型)

【拓展提升】

1. 整型默认问题

Java 整型常量默认为 int 型,即如果直接给出一个整形数值,默认为 int 型。

因此,在声明 long 型常量后面加"l"或"L",推荐用 L。如整数 3、长整型 3L。

在编程中需要注意该默认特性的应用,如果一个较大整数(超出 int 表数范围),Java 不会自动把它当成 long 处理。如:

```
long k= 9223368547758;//错误
long k= 9223368547758L;//正确
```

2. 浮点型默认问题

Java 浮点型常量默认为 double 型,如要声明 float 型,则需在数字后面加 f 或 F(双精度加 d 或 D,通常没必要)。如:

```
double d= 3.14;
```

3. 数字自由分割问题

随着 JDK 版本的不断提升,在较新的版本中,提供了数字间自由使用下划线,在表达较大的整数时,可以使用下划线对数字进行分割,便于程序员理解。在具体实现上,整型、浮点型均可实现自由分割的功能。如以下表述方法,均是合法的。

```
double pi= 3.14_159_265_35;
int height= 8_8_9_4;
float width= 8_8_9_4.36_3F;
```

2.2　标识符和关键字

【任务驱动】

1. 任务介绍

在 2.1 节的任务基础上，进一步以程序的方式表达 Cindy 老师的个人信息。

姓名：Cindy

身高：163 cm

体重：48.5 kg

血型：B

是否为教师：是/true

2. 任务目标

理解标识符与关键字的概念与区别，并帮助 Cindy 老师进一步完善个人资料。

3. 实现思路

分析各项信息的意义，根据"见名思意"的原则，确定每一项数据的标识符。

【知识讲解】

1. 标识符

Java 中的变量名、方法名、类名和对象名都是标识符，程序在编写程序的过程中要标识和引用都需要标识符来唯一确定。

因此，把用来标识类名、变量名、方法名、类型名、数组名、文件名的有效字符序列称为标识符。简单地说，标识符就是一个名字。

如：ComputeArea，radius3，area $ csdn _csdn zg_csdn 都是合法的标识符。

Java 标识符的命名规则如下。

（1）标识符可以由字母、数字、下划线"_"或"$"组成。这里的字母不局限于 26 个英文字母，也可以包含中文字符等。

（2）标识符必须以字母、下划线"_"或"$"开头，随后可跟数字。如 100abc，以数字开头，不是合法的标识符。

（3）标识符区分大小写。例如 Hello 和 hello 代表不同的标识符。

（4）在自定义标识符时，应该使其能反映它所表示的变量、对象或类的意义，同时要"见名思意"。

（5）"Hello java"不合法，因为空格不是组成标识符的元素。

（6）标识符长度没有限制，但不能与关键字重名，Java 中的关键字见下一小节。

（7）普通变量名，可以使用多个单词构成，第一个单词首字母小写，后续单词首字母大写。

2. Java 中的常见关键字及其分类

在编程语言中，把一些赋以特定含义，拥有特殊用途的字符串叫作关键字，关键字是指被系统所保留使用的标识符,因此不允许用户对关键字赋予其他的含义,即在命名时,不能使用关键字作为标识符。

Java 语言关键字的特点:组成的关键字的单词全部都是小写。

思考一下,既然 Java 关键字都是小写英文,如果将关键字大写,在严格区分大小写的 Java 中,会不会报错呢?

答案是否定的,因为关键字大写后,不再被当作关键字,会被当成普通的标识符来处理。

另外,在常见的代码编辑器中,对关键字都有特殊的颜色标记,编程人员能够轻易识别。 Java 中涉及的关键字,主要包括以下几种类型。

(1) 数据类型

byte 字节型	short 短整型
int 整型	long 长整型
float 单精度	double 双精度
char 字符型	boolean 布尔型
true 真	false 假

(2) 引用数据类型

| class 类 | interface 接口 |

(3) 访问权限

public 公共的　　　　　protected 受保护的

private 私有的

(4) 流程结构

if 如果

if-else 如果……否则

switch 当……的情况下

| while() | do-while() | for() 三种循环语句 |
| break 强制退出 | continue 跳出 | return 返回 |

(5) 异常相关

| try 尝试 | catch 捕捉 | finally 最终的 |
| throw 抛出 | throws 抛出 |

(6) 其他常见的关键字

| void 无返回值 | static 静态的 | final 最终的 |
| extends 继承 | implements 实现 | this 这个,当前 |

super 超,父,一般用于调用父类的方法或内部类

| print 输出 | | main 主方法,每个的入口 |
| abstract 抽象 | interface 接口 | new 创建——在内存中划分空间 |

package 包,定义包时的关键字

| thread 线程 | import 载入 |
| default 默认的 | case 例如 |

【动手实践】

在理解标识符概念的基础上，就可以确定 Cindy 老师的各项信息对应的标识符了。这里使用符合"见名思意"规则的单词作为标识符即可。

姓名：name　　　　　　　　　（String 引用类型）
身高：height　　　　　　　　 （int 整型）
体重：weight　　　　　　　　 （float 单精度浮点型）
血型：bloodType　　　　　　 （char 字符型）
是否教师：isTeacher　　　　 （boolean 布尔型）

【拓展提升】

在前面所述，是符合 Java 语法规范的命名形式。在长期的实际项目开发中，Java 工程师形成了约定俗成的默认规范。

（1）Class 类的命名

类在命令时，一般由大写字母开头而单词中的其他字母均为小写；如果类名称由多个单词组成，则每个单词的首字母均应为大写，如：TestPage。还有一个命名技巧，就是由于类是设计用来代表对象的，所以在命名类时应尽量选择名词，如：Circle 表示圆形类，Student 表示学生类。

（2）方法的命名

方法在命名时，除了遵守"见名思意"的规则，在大小书写上一般也有约定。通常表达方法的标识符第一个单词，应以小写字母作为开头，后面的单词则用大写字母开头。如：sendMessge( )方法，表示该方法将用于发送消息。

（3）参数的命名

参数的命名规范和方法的命名规范相同，均以小写字符开头，而且为了避免阅读程序时造成迷惑，请在尽量保证参数名称为一个单词的情况下，使参数的命名尽可能明确。

这些规范并不是一定要绝对遵守，但如果都能按此规范开发，不仅能让程序具有良好的可读性，还可以减少项目组中因为换人而带来的不适。

2.3　常量和变量

【任务驱动】

1. 任务介绍

定义各种类型的变量，赋初值，并将其结果一一输出。

2. 任务目标

编写 Java Application，定义常量及各种类型的变量，并赋初值，在屏幕上输出各变量的值。

3. 实现思路

分析常量和变量的特点,并根据前述所学知识,确定标识符名称和数据类型,完成变量和常量值的初始化,并将初始化结果一一输出。

【知识讲解】

1. 变量

(1) 变量的概念

在程序的运行过程中数值可变的量称为变量,通常用来记录运算中间结果或保存数据。Java 变量是程序中最基本的存储单元,其要素包括变量名,变量类型和作用域。

Java 中每一个变量都属于特定的数据类型,必须先声明后使用。

(2) 变量的声明

变量包括四要素:名字,类型,值,作用域。在声明变量时可以包含一个或者多个要素。变量声明是一个完整的语句,用分号结束。语法格式为:

```
类型 变量名[=初值][,变量名[=初值]…];
```

例如:

```
int min = 10;           //定义整型变量初值为 10
short age, length;      //定义短整型变量 age, length
boolean flag;           //定义布尔型变量 flag
char status ='A';       //定义字符变量 status,初值为'A'
```

掌握变量声明的方式后,现在利用代码为 Cindy 老师赋初值。在赋初值前需要确定变量名,这里可以使用 2.1 和 2.2 节中确定好的标识符和数据类型,编写代码如下。

```java
public class InforTeacher{
    public static void main(String[] args) {
            String name =" Cindy";
            int height = 165;
            float weight = 50F;
            char bloodType =' B';
            boolean isTeacher = true;
    }
}
```

2. 常量

(1) 常量的概念

常量是指在程序运行过程中其值不会发生改变的变量。根据 Java 中数据类型的分类,常量分为以下几种类型。

布尔常量:包括 true 和 false,代表"真"和"假"。

字符常量:如' a',' 9'等,使用单引号修饰。

整型常量:分字节常量、短整型常量、一般整型常量和长整型常量。如 12,-314。常量也可以是八进制整数,要求以 0 开头,如 012;十六进制数,要求 0x 或 0X 开头,如 0x12。

浮点常量:浮点常量分单精度浮点常量和双精度浮点常量两种,一般有两种表示形式。十进制数形式,必须含有小数点,如 3.14、314.0;科学记数法形式,如:3.14e2,3.14E2。

字符串" Hello World !"则是引用类型常量。

(2) 常量的声明

在 Java 中,使用关键字 final 来声明常量。

声明常量的语法格式为:

```
final 数据类型 常量名=值;
```

与变量一样,常量的命名仍然需要遵守"见名思意"的规则,使常量具有可读性。常量标识符一般全部用大写字母表示。例如:

```
final double PI = 3.14;
final int TOTAL = 1000;
final long MAX = 200;
final byte MIN = 39;
final short SCORE = 120;
```

使用常量的好处在于对具体的常量值,能做到一改全改,增强程序的可维护性。

需要注意的是,一旦将变量声明为常量,在程序运行过程中,其值将无法修改,因此在程序中不能对常量重新赋值。

```
final int MIN = 10;
MIN = 20; //错误,不能对常量重新赋值
int min = 10;
min = 20; //正确,变量可以重新赋值
```

【动手实践】

在理解上述代码的基础之上,完成任务驱动中的任务,在练习的过程中,体会各种类型变量的定义与输出特点。具体参考代码如下。

源文件 2 - 1　InitVar.java

```java
public class InitVar
{public static void main(String[] args)
  {byte a = 11;
   short b = 22; //声明短整形变量 b,初始化值为 22
   int c = 33; //声明整形变量 c,初始化值为 33
   long d = 44L; //声明长整形变量 d,初始化值为 44
   float e = 55F; //声明单精度变量 e,初始化值为 5560F
   float f = 66; //声明单精度变量 f,初始化值为 66
   double m = 99_22; //声明双精度变量 m,初始化值为 99_22
   double n = 9922D; //声明双精度变量 n,初始化值为 9922D
   char g ='Y'; //声明字符变量 g,初始化为'Y'
   boolean s = true; //声明布尔变量 m,初始化值为 true
```

```
final double PI = 3.14; //声明双精度常量 PI,初始化值为 3.14
System.out.println("字节型变量 a ="+ a);
System.out.println("短整型变量 b ="+ b);
System.out.println("整型变量 c ="+ c);
System.out.println("长整型变量 d ="+ d);
System.out.println("单精度实型变量 e ="+ e);
System.out.println("单精度实型变量 f ="+ f);
System.out.println("双精度实型变量 m ="+ m);
System.out.println("双精度实型变量 n ="+ n);
System.out.println("字符型变量 g ="+ g);
System.out.println("布尔型变量 s ="+ s);
System.out.println("双精度常量 PI ="+ PI);
  }
}
```

【拓展提升】

1. 变量的作用域

程序块(block),是程序中最小的封装单位,它指被包括在一对大括号﹛ ﹜中的语句。一个程序块定义了一个作用域。

变量的作用域是声明它的语句所在的语句块。作用域规则为封装提供了基础。

源文件 2 - 2　　ScopeExample.java

```
class ScopeExample
{public static void main(String args[])
 { int x = 10;
   if (x == 10)
     { int y = 20;
      System.out.println( x +""+ y);
      x = y * 2;
      }
    y = 100; //此处报错!
    System.out.println("x is"+ x);
 }
}
```

在该例中,执行语句 y = 100 时,将会报错,原因在于 y 是定义在语句块中,作用域仅限于当前语句块,在语句块外引用 y,将会报错。

因此,在代码编写中,定义变量与常量时,要密切关注其对应的作用域。

2. 数据类型的两种基本转换

在 Java 程序中,常量或者变量从一种数据类型转换到另一种数据类型的过程,称为数据类型转换。当然,数据类型转换是有条件地转换,并不能在各种数据类型之间任意转换。

（1）自动类型转换

一般称为"加宽转换"，或"隐式转换"，通常不需要显式强制类型转换语句，可以由系统自动完成。

自动类型转换要求两种类型兼容，且转换后数据类型的表示范围，一般比转换前的类型大。如：整数和浮点型彼此兼容，可以进行自动加宽转换。

```
int num1 = 10;
double num2 = num1;
```

在上面的示例中，整数类型的值 num1 被隐式转换为浮点型的值，并赋给浮点变量 num2。其他加宽转换亦然。如果数据类型不兼容，就不能实现转换，如数值类型和 boolean 不兼容，就不能实现自动转换。

源文件 2-3 **TestAutoConver.java**

```
public class TestAutoConver {
    public static void main(String[] args)
  {
    int m = 350;
    float n = 65f;
    System.out.println("整型变量 m 的值为:"+ m +",整型变量 n 的值为:"+ n);
    System.out.println("两数相除后的值为:m/n ="+(m/n));
  }
}
```

在该范例中，两个数 m,n 参加运算，其中变量 n 为浮点数，整型变量 m 将自动加宽为浮点型，最终运算结果为浮点型。

上述代码运行结果如下。

```
整型变量 m 的值为:350,整型变量 n 的值为:65.0
两数相除后的值为:m/n = 5.3846154
```

Java 中，不会丢失信息的类型转换如下所示。由左侧原始类型自动转换为右侧目标类型，不会丢失信息。

原始类型	目标类型
byte	short, char, int, long, float, double
short	int, long, float, double
char	int, long, float, double
int	long, float, double
long	float, double
float	double

（2）显示强制类型转换

显式转换，也称为强制转换，当一个数据类型的值赋给另一个数据类型时，如果目标数据类型的范围小于源数据类型的范围，需要进行强制转换。在进行强制类型转换时，需要程序员明确指定要转换的目标数据类型，并使用转换运算符将要转换的值目标数据类型包含起来。格式：

```
(target-type) value;
```

(target-type)指要将指定值所转换成的目标数据类型。

如下述代码：

```
int a;
double b = 34.56;
a = (int) b;   //强制类型转换,目标数据类型为整型
```

在该例中,把一个浮点值赋给整数类型时,使用了强制类型转换,将截断小数部分,此时 a 的值为 34。

有一种特殊情况,如果浮点值太大,不能适合目标整数类型,将对目标类型的值域取模。int 强制转成 byte 时,会对 byte 型的值域取模(byte 的值域为 256,因此对求模)。这种情况在实际编程中极少用到,读者了解即可。

源文件 2 - 4　TestConver.java

```
public class TestConver {
    public static void main(String[] args)
  {
    int m = 230;
    int n = 7;
    float result1, result2;
    System.out.println("整型变量 m ="+ m +",整型变量 n ="+ n);
    result1 = m/n;   //此处执行的是整除操作
    System.out.print(" m/n ="+ result1 +"\ n");
    System.out.println("整型变量 m ="+ m +",整型变量 n ="+ n);
    result2 = (float)m/n; //此处执行的是除法操作
    System.out.println(" m/n ="+ result2);
  }
}
```

在该程序中,第一次 m/n 时,执行的是整除操作,结果为 32,将整型数据 32 赋值给实型变量 result1 时,将执行自动加宽转换,因此此时输出结果为 32.0,而不是 32。

第二次(float)m/n,将 m 强制转为为 float 型,再进行运算,此时执行的是除法运算,而非整除运算。

运行结果如下：

```
整型变量 m = 230,整型变量 n = 7
m/n = 32.0
整型变量 m = 230,整型变量 n = 7
m/n = 32.857143
```

特别要注意的是,强制转换可能会导致原始值的信息丢失,因此应该尽量遵循数据类型的规则,避免使用强制类型转换,以提高程序的可读性和可维护性。

　　只有在某些特殊的情况下,当两个数据类型之间存在不兼容的情况,但是需要执行某些特定操作时,才会使用强制类型转换,例如将浮点数转换为整数以便执行位运算,或者将某些字符转换为数字等。

　　3. 数字字符串与数值型之间的转换

　　(1) 数字字符串转换成数值型数据

　　使用 Integer.parseInt() 方法将字符串类型的整数转换成 int 类型的变量,使用 Float.parseFloat() 方法将字符串类型的整数转换成 float 类型的变量。

　　例如,对于字符串" 123",可以使用以下代码将其转换为 int 类型。

```
String str =" 123"; //此时 123 为字符串类型,无法参与数值运算
int num1 = Integer.parseInt(str);
```

　　转换以后,整型变量 num1 中存放的整型变量 123,可以参加数值运算。

　　而对于字符串" 45.6",可以使用以下代码将其转换成 float 类型。

```
String myNumber ="45.6"; //此时 45.6 为字符串类型,无法参与数值运算
float num2 = Float.parseFloat(myNumber);
```

　　转换以后,实型变量 num2 中存放的实型变量 45.6,可以参加数值运算。

　　parse×××() 常用方法如表 2 - 3 所示。

表 2 - 3　数字字符串与数值型转换方法

转换方法	说明
Byte.parseByte()	将数字字符串转化为字节型数据
Short.parseShort()	将数字字符串转化为短整型数据
Integer.parseInt()	将数字字符串转化为整型数据
Long.parseLong()	将数字字符串转化为长整型数据
Float.parseFloat()	将数字字符串转化为浮点型数据
Double.parseDouble()	将数字字符串转化为双精度型数据
Boolean.parseBoolean()	将字符串转换为逻辑型

　　注意:这里涉及的 Byte,Short 等与基本数据类型拼写相同,但首字母大写,这些均为基本数据类型对应的数据包装类。

　　(2) 数值型数据转换成字符串

　　Java 中可将数值型数据转换成字符串的常用方法有以下三种。

　　第一种:使用 String.valueOf() 方法将数字转换成字符串类型。例如,对于整型变量 num,可以使用以下代码将其转换成字符串类型:

```
int num = 123;
String str = String.valueOf(num);
```

　　第二种:使用可以使用以下代码将其转换成字符串类型:

```
double value = 3.14;
String str = Double.toString(value);
```

第三种：用"+"来实现，"+"号不仅具有连接的功能，还可以实现自动转换。如下述代码，其中操作数 myInt 不是字符串，在连接时会自动将其转换成字符串。

```
int myInt = 1234;
String myString ="hello"+ MyInt; //将整型数据 myInt 转换成了字符串
```

此时新字符串 myString 的内容为："hello1234"。

需要注意的是，在进行字符串类型到数值型的转换时，应该确保目标类型能够正确地表示原始数值，否则可能会引发异常。例如，当浮点数或双精度浮点数具有非常长的小数位时，应该考虑使用 DecimalFormat 类来规定数字格式。

2.4 运算符与表达式

在每一种编程语言中，都会涉及运算符与表达式。简单来说，运算符是一种用于执行具体操作的符号，例如加、减、乘、除等。而表达式则由运算符、操作数和其他元素组成，用于计算出一个值或者一个结果。

运算符可以分为不同类型，例如算术运算符（加、减、乘、除）、比较运算符（大于、小于、等于等）、逻辑运算符（与、或、非）等等。表达式通常是由一系列变量、常量以及运算符组成，可以进行数学运算、逻辑判断等操作，最终得到一个值或者一个结果。

在程序设计中，运算符与表达式是编程的基础。使用运算符和表达式可以实现各种各样的计算和操作，从简单的数值计算到复杂的逻辑判断都可以通过它们来实现。

【任务驱动】

1. 任务介绍

给定任意整型变量 a、b 和 result1,result2,result3，按照以下要求完成操作：

使用赋值运算符将 a 变量的值设为 18,b 的值设为 5；

使用算术运算符对 a、b 进行求模运算，将结果存储到一个新的变量 result1 中，并输出；

使用算术运算符计算 a 与 b 的差，将结果存储到一个新的变量 result2 中，并输出；

使用关系运算符判断 result2 是否大于 0，若大于 0，将判断结果存储到变量 result3 中，并输出；

请写出这个程序的代码实现。

2. 任务目标

编写 Java Application，定义必要的变量，使用所学的运算符进行简单的运算，并在屏幕上输出相应的运算结果。

3. 实现思路

分析任务要求，结合前述所学变量定义的相关知识，根据赋值运算符、算术运算符、关系运算符的使用规则与特点，完成相关运算。

【知识讲解】

1. 赋值运算符

在 Java 语言中,符号"="是赋值运算符,不是"相等"(相等运算符是"==",见关系运算符的叙述)。赋值运算分为两类:一是简单赋值运算;二是复合赋值运算。

(1) 简单赋值运算

简单赋值运算的一般语法格式如下:

```
变量=表达式;
```

赋值运算的执行过程是:

首先,计算赋值运算符右端的表达式。当赋值运算符两侧数据类型不一致时,将表达式值的类型自动转换成变量的类型。接着将表达式的值赋值给变量,即存储到与变量对应的存储单元中。

完成一个赋值运算的表达式称为赋值表达式,赋值表达式是先计算表达式的值,然后将表达式的值赋值给变量。

例如,表达式 x = x + 1,表示完成表达式 x + 1 的计算,将计算结果赋值给变量 x。

注意:

① 赋值时"="两侧数据类型不一致时,按默认转换或强制转换原则处理。

② 赋值时的类型转换是指自动加宽转换,这样的自动转换只能由简单类型向复杂类型转换,不能从复杂的转换成简单的。

byte -> short -> int -> long -> float -> double

从 byte 开始,从左到右均能实现自动转换,反之则不能。

例如,以下代码说明 int 类型能自动转换成 double 类型:

```
int j = 3;
double y = 2.0;
y = j; //j 的值为 3,赋值后,y 的值为 3.0
j = y; //不正确,double 类型不能自动转换成 int 类型
```

③ 整型常量赋给 byte, short, char 等类型变量,还需要要考虑其表数范围。

```
byte b = 12;   //合法
byte b = 4096; //非法,4096 超出了字节整型的表数范围
```

④ 在赋值中,允许连续赋值,如以下代码。

```
int x,y,z;
x = y = z = 100;
```

这里经过连续赋值后,x,y,z 的值均为 100。

(2) 复合赋值运算符

复合赋值运算符是一种快捷的赋值方法,可以简化代码并提高代码的可读性。它通常由一个普通的数学或位运算操作符和等号组成。使用复合赋值运算符时,会将原始变量与另一个值进行运算,并将结果存储回原始变量中。

例如,如果有两个整型变量 a 和 b,要将 a 加 2 的结果保存到 a 中,可以使用如下的复合赋值运算符

```
a += 2; //等价于 a = a + 2
```

其中,"+="是复合赋值运算符,即将 a 加上 2 之后再将运算结果赋值回 a 本身。同样,还有其他的符合赋值运算符,比如"-=""*=""/=""%="等,都可以通过类似的方式实现对变量的赋值操作。

例如:

```
x -= 5;   //等价于 x = x - 5
x *= u + v;   //等价于 x = x*(u + v),这里括号不能省略
```

2. 算术运算符

算术运算要求操作数的类型是数值类型的(整数类型和浮点数类型)。运算时,只需一个操作数的是单目运算,需两个运算分量的是双目运算。

(1)双目运算符

双目算术运算符:+(加)、-(减)、*(乘)、/(除)、%(求余数)。

表 2-4 算术运算符

运算符	功能	形式	意义
+	加法运算	a + b	求 a 与 b 相加的和
-	减法运算	a - b	求 a 与 b 相加的差
*	乘法运算	a * b	求 a 与 b 相加的积
/	除法运算	a/b	求 a 与 b 相加的商
%	求余运算	a%b	求 a 与 b 整除后的余数

注意:当"/"号在整数两端时,为整除运算。如:7/3 结果是 2;1/2 结果是 0;((float)1)/2 结果是 0.5。

加、减、乘、除和求余数运算都是双目运算符,结合性都是从左至右。取正和取负是单目运算符,结合性是从右至左,其优先级高于+、-、*、%等双目运算符。

"/"为除法运算符,当除数和被除数均为整数类型数据时,则结果也是整数类型数据。例如 7/4 的结果为 1。"%"为求余数运算符,求余数运算所得结果的符号与被除的符号相同。例如:5%3 的结果为 2,-5%3 的结果为 -2,5%-3 的结果为 2。

(2)单目运算符

自增运算符"++"和自减运算符"--"都是单目运算符,单目运算符只有一个操作数。

单目运算符位置,决定了运算的顺序,位置不同,对操作数变量没有影响,却会改变整个表达式的值。因此需要按照位置,分类进行讨论。

① 运算符在操作数变量前面,先自增,再参与运算。如:

```
int x = 2;
int y = (++ x )* 4;
```

运算结果：x = 3，y = 12。

在该例中，首先将变量 x 初始化为 2，接着，对变量 x 进行前缀自增运算(++ x)，把 x 的值从 2 变成了 3，再将得到的 3 乘以 4，得到 12，并将结果存储在变量 y 中。

② 运算符在操作数变量的后面，先参与运算，再自增。如：

```
int x = 2;
int y = ( x ++ )* 4;
```

运算结果：x = 3，y = 8。

在该例中，首先将变量 x 初始化为 2。接着，在表达式中使用后缀自增运算符(x ++)，这意味着 x 的值，将会在计算表达式之后才被自增。因此，在计算表达式时，x 的值仍然是 2，同时表达式结果是 2 * 4 = 8。

然后，将上一步计算得到的结果(8)存储在变量 y 中，此时变量 y 的值为 8。

最后，将 x 的值从 2 增加到 3。所以现在 x 的值为 3，而 y 的值为 8。

上述两个例子说明，对变量进行自增或自减运算，用前缀形式或用后缀形式，对变量本身来说，效果是相同的，但表达式的值却不相同。

自增自减运算符的使用，使程序编写更加简洁和高效，但要注意"++"和"--"的运用只能是变量，不能是常量或者表达式。例如，8 ++ 或 (m + n) ++ 都不是合法的。

3. 关系运算

关系运算符主要用于比较两个值的大小或者相等性，通常返回一个布尔值(true 或 false)。常见的关系运算符如表 2 - 5 所示。

表 2 - 5　关系运算符

运算符	运算	含　义
==	等于	判断两个操作数是否相等，如果相等则返回 true
!=	不等于	判断两个操作数是否不相等，如果不相等则返回 true
>	大于	判断左操作数是否大于右操作数，如果是则返回 true
<	小于	判断左操作数是否小于右操作数，如果是则返回 true
>=	大于等于	判断左操作数是否大于或等于右操作数，如果是则返回 true
<=	小于等于	判断左操作数是否小于或等于右操作数，如果是则返回 true

以上关系运算符可以应用于大多数的数据类型，包括整型、浮点型和字符型等。需要注意的是，在使用这些运算符时，两个操作数一般应是同一种数据类型，否则可能会出现精度或类型转换错误。

```
int x = 5, y = 7;
boolean b = (x == y);
boolean c = x < y;
```

在该代码中,定义了两个整型变量 x 和 y,分别赋值为 5 和 7。接着,使用关系运算符进行比较,并将比较结果赋值给布尔类型的变量 b 和 c。

b=(x==y):使用等于运算符(==)来比较 x 和 y 的大小,由于 5 不等于 7,因此表达式结果为 false,且该值被赋给变量 b,所以此时 b 的值为 false。

c=x<y:使用小于运算符(<)来判断 x 是否小于 y,由于 x 为 5,y 为 7,因此表达式结果为 true,且该值被赋给变量 c,所以此时 c 的值为 true。

因此,最终的运算结果为:

```
b = false
c = true
```

在运算中,关系运算符的优先级低于算术运算符的优先级。例如,对于 x+y>z 式子,会先进行 x 与 y 的加法运算,再与 z 进行关系比较。

另外,各个关系运算符的优先级并不完全相同。<、<=、>、>=的优先级高于==、!=,运算中要注意识别。

4. 逻辑运算

逻辑运算用于描述逻辑表达式,实现连续多个条件的逻辑与、逻辑或、逻辑否定的判定。

其中:运算符"&&"和"||"是双目运算符、运算符!是单目运算符。逻辑运算的操作数必须是布尔型的,结果也是布尔型的。

逻辑否定"!"的优先级高于算术运算符的优先级。逻辑与"&&"和逻辑或"||"的优先级低于关系运算符的优先级。

表 2-6 是逻辑运算的"真值表",表中列出当运算分量 a 和 b 的值在不同组合情况下,各种逻辑运算的结果。

表 2-6 逻辑运算真值表

a	b	! a	! b	a && b	a||b
true	true	false	false	true	true
true	false	false	true	false	true
false	true	true	false	false	true

逻辑运算可省略括号,例如:

```
a > b && x > y;   //等价于 (a > b) && (x > y)
a != b || x != y;   //等价于 (a != b) || (x != y)
x == 0 || x < y && z > y;   //等价于 (x == y) || ((x < y) && (z > Y))
! a && b || x > y && z < y;   //等价于 ((! a) && b) || ((x > y) && (z < y))
```

需要特别指出的是,Java 语言在进行连续的逻辑运算时,不分逻辑与和逻辑或的优先级进行计算,而是顺序进行逻辑与和逻辑或的计算,一旦逻辑表达式能确定结果,就不再继续计算。具体如下:

(1) 对表达式 a && b,当 a 为 false 时,结果为 false,不必再计算 b;仅当 a 为 true 时,才需

计算 b。

（2）对表达式 a‖b，当 a 为 true 是，结果为 true，不必再计算 b；仅当 a 为 false 时，才需计算 b。

例如：设有 a = b = c = 1，计算++ a>= 1‖++ b <++ c。从左到右顺序逻辑或表达式，先计算子表达式++ a>= 1，变量 a 的值变为 2，++ a>= 1 为 true，整个逻辑或表达式的值已经为 true，不再计算右边的子表达式++ b <++ c。因而变量 b 和 c 的值不变，仍为 1。

5. 条件运算

条件运算是一个三目运算，一般形式如下：

```
逻辑表达式? 表达式 1:表达式 2;
```

条件运算的执行过程是：

（1）计算逻辑表达式。

（2）如果逻辑表达式的值为 true，则计算表达式 1，并以表达式 1 的值为条件运算的结果（不再计算表达式 2）。

（3）如果逻辑表达式的为 false，则计算表达式 2，并以表达式 2 的值为条件运算的结果（未计算表达式 1）。

例如：

```
x> y? x + 5:y - 4;
```

如果 x> y 条件为 true，则上述表达式取 x + 5 的值，否则取 y - 4 的值。

条件运算符(?:)的优先级高于赋值运算符，低于逻辑运算符，也低于关系运算符和算术运算符。例如：

```
max = x> y? x + 5:y - 4;   //等价于 max = ((x> y)? x + 5:(y - 4))
```

条件运算符的性为"自右至左"。

例如：

```
x> y? x:u? v? u:v;   //等价于 x> y? x:(u> v? u:v)
```

条件表达式的返回值类型由表达式 1 和表达式 2 的类型确定。

6. 其他运算

除前面介绍的运算外，还有其他运算，本节只介绍位运算和移位运算。位运算和移位运算实现对二进制位串数据的运算，主要应用于与计算机内部表示直接有关的运算，读者可以跳过这些内容。

7. 表达式

表达式(expression)是由运算符、操作数和其他子表达式组合而成的计算式。在程序中，表达式可以用来计算并返回一个值，这个值可以是各种数据类型，例如整数、浮点数、布尔值、字符等。有以下示例表达式。

5 + 3:该表达式使用加法运算符将 5 和 3 相加，计算结果为 8。

x * y - z:该表达式使用乘法和减法运算符，比较三个变量 x、y 和 z 的值，并对它们进行相应的运算。具体计算顺序要根据优先级规则决定。

a> b||c <d:该表达式使用大于号、小于号和逻辑或运算符,比较四个变量的值,并对它们进行相应的运算。如果 a 比 b 大或 c 比 d 小,那么表达式的值为 true,否则为 false。

总之,表达式是编程语言中的基础概念,灵活地运用表达式对编程水平的提高十分重要。

【动手实践】

1. 完成任务驱动中的实践任务

源文件 2 - 5　TestOperator1.java

```java
public class TestOperator1 {
public static void main(String[] args)
  {
    int a = 18;
    int b = 5;
    int result1 = a % b;
    System.out.println("a 与 b 求模的结果为:"+ result1);

    int result2 = a - b;
    System.out.println("a 与 b 的差为:"+ result2);

    boolean result3 = result2 > 0;
    System.out.println("result2 是否大于 0:"+ result3);
  }
}
```

在上述代码中,首先给变量 a 和 b 赋值,然后使用算术运算符计算 a 和 b 的模,将结果存储到变量 result1 中,并输出。接着,再使用算术运算符计算 a 和 b 的差,将结果存储到变量 result2 中,并输出。最后,使用关系运算符判断 result2 是否大于 0,将判断结果存储到变量 result3 中,并输出。

2. 运算符测试

在实际项目中,经常会使用到逻辑运算符,试着运行下面的代码,对运行结果进行分析。

源文件 2 - 6　TestOperator2.java

```java
public class TestOperator2
{
  public static void main(String[] args)
  {
    boolean a, x, y, z;
    a = 14 > 36;
    x = ! a;
    y = a & x;
```

```
    z = x|y;
    System.out.println("变量 a 的值:a ="+ a);
    System.out.println("变量 x 的值:x ="+ x);
    System.out.println("变量 y 的值:y ="+ y);
    System.out.println("变量 z 的值:z ="+ z);
    }
}
```

运行结果为：

```
变量 a 的值:a = false
变量 x 的值:x = true
变量 y 的值:y = false
变量 z 的值:z = true
```

在该例中，(14> 36)中 14 小于等于 36，因此该表达式的返回值为 false，将其赋值给变量 a。而根据 Java 语言中"非"运算符的规则，变量 x 的值应该为 true，变量 y 的值则为 false，而变量 z 的值是 true。

最后，使用 System.out.println()方法将各个变量的值输出到控制台上。

【拓展提升】

1. 使用 Scanner 类与运行环境交互

Scanner 是一个基于正则表达式的文本扫描器，它可以从文件、输入流、字符串中解析出基本类型值和字符串值。使用 Scanner 类可以很方便地获取用户的键盘输入，Scanner 类提供了多个构造方法，不同的构造方法可接受文件、输入流、字符串作为数据源，用于从文件、输入流、字符串中解析数据。

有关构造方法的知识，将在后续的章节详细讲解，这里仅介绍使用 Scanner 类与环境交互的最一般方法，以便后续编程案例的展开。

Scanner 主要提供了下面两个方法来扫描输入。

hasNextXxx()：是否还有下一个输入项，其中 Xxx 可以是 int、long 等代表基本数据类型的字符串。如果需要判断是否包含下一个字符串，则可以省略 Xxx。

nextXxx()：获取下一个输入项。Xxx 的含义与前一个方法中 Xxx 相同。在这里主要介绍使用 nextXxx()方法，在命令行字符界面接收数据的方式。

Scanner 类在包 java.util 中，因此使用该类，需要导入 java.util 包才能使用。

可以使用下述两句代码中的任一句，导入相应的包：

```
import java.util.*;
import java.util.Scanner;
```

Scanner 类中通过下列方法，可以读取用户在键盘上输入的数据，如表 2-7 所示。

表 2 - 7　Scanner 类中的常用方法

方法名	作　用
nextBoolean()	读取下一个输入项并作为布尔值返回
nextInt()	读取下一个输入项并作为整数返回
nextLong()	读取下一个输入项并作为长整数返回
nextShort()	读取下一个输入项并作为短整数返回
nextByte()	读取下一个输入项并作为字节返回
nextDouble()	读取下一个输入项并作为双精度浮点数返回
nextFloat()	读取下一个输入项并作为单精度浮点数返回
next()	读取下一个输入项并作为字符串返回。默认情况下,此方法读取到空白字符(空格、制表符或换行符)时停止,将空白字符留在输入流中
nextLine()	读取输入流中一行内容,并作为字符串返回。该行的结尾定位于换行符之后

这些方法可以根据不同场景和需求读取用户在控制台中输入的不同数据类型。注意,使用 Scanner 类时需要避免输入无效数据类型,以免程序抛出异常。

2. Scanner 类应用举例

【实例】 从键盘输入一个整数,一个实数,求解两个数的乘积,并将求解结果输出。参考代码如下。

源文件 2 - 7　TestScanner.java

```java
import java.util.*;
public class TestScanner {
    public static void main(String[] args)
    {
        int num1;
        double num2;
        Scanner reader = new Scanner(System.in);
        System.out.print("请输入第一个数:");
        num1 = reader.nextInt();
        System.out.print("请输入第二个数:");
        num2 = reader.nextDouble();
        System.out.println(num1 +"*"+ num2 +"="+(num1 * num2));
    }
}
```

在这段代码中,首先导入 java.util.* 包,以使用 Scanner 类。然后,创建一个 Scanner 对象 reader,将 System.in 作为参数传递给 Scanner 的构造方法,以指定从控制台获取输入。

代码声明了两个变量 num1 和 num2,分别用来存储从用户输入中获取的整数和浮点数。通过调用 reader.nextInt()获取用户输入的第一个数,并将其赋值给 num1 变量;通过调用 reader.nextDouble()获取用户输入的第二个数,并将其赋值给 num2 变量。

最后，程序将计算 num1 和 num2 的乘积，并使用 System.out.println()方法将结果输出到控制台。注意，在使用 Scanner 类获取用户输入时，要确保输入的数据类型与变量的数据类型相匹配，否则可能会出现输入错误或异常。

该程序的运行结果为：

```
请输入第一个数:8
请输入第二个数:9
8 * 9.0 = 72.0
```

2.5　本章小结

本章详细阐述了编写 Java 语言所必需的基本语法规则。Java 语言涉及的数据类型分为两类：基本数据类型和引用数据类型，其中基本数据类型又分为四大类，分别是字符型、数值型、实型、布尔型。在标识符与关键字部分，除了 Java 语言的规则，还对编程中默认的编程规则做了介绍。

在编程中，常量和变量是两个重要的概念。常量是指在程序运行期间不能被修改的值。变量是指在程序运行期间可以被赋值和修改的值。运算符用于执行各种数学和逻辑运算，并生成表达式的结果。Java 中有多种类型的运算符，包括算术运算符、赋值运算符、比较运算符、逻辑运算符等。

另外，在拓展提升部分，对数据类型转换、数据输入一并做了介绍。

2.6　本章习题

一、填空题

1. 已知：double x = 8.5，y = 5.8；则：表达式 x ++ > y -- 值为 _____ 。

2. 在 Java 语言中，如果数值后没有字母，计算机默认值为 _____ 类型。

3. 浮点型数据属于实型数据，分为 _____ 和 _____ 两种类型。

4. 在 Java 中，37%10 的运算结果为 _____ 。

5. 表达式 5 + 3 * 2 - 1 的值为 _____ 。

二、选择题

1. 下面哪些标识符在 Java 语言中是合法的？（　　　）
A. 3persons $　　　B. TwoUsers　　　C. * point　　　D. instanceof　　　E. end - line

2. 若定义有变量 float f1，f2 = 8.0F，则下列说法正确的是（　　　）。
A. 变量 f1，f2 均被初始化为 8.0
B. 变量 f1 没有被初始化，f2 被初始化为 8.0
C. 变量 f1，f2 均未被初始化
D. 变量 f2 没有被初始化，f1 被初始化为 8.0

3. 下列（　　　）是不能通过编译的语句。
A. double d = 545.0；
B. char a1 ="c"；

C. int i = 321；

D. float f1 = 45.0f；

4. 下列属于 Java 关键词的是（　　）

A. TRUE

B. goto

C. float

D. NULL

5. 下列声明和赋值语句错误的是（　　）

A. double w = 3.1415；

B. String strl =" bye"；

C. float z = 6.74567

D. boolean truth = true；

6. 下列不属于整型变量的类型是（　　）。

A. byte

B. short

C. float

D. long

三、编程题

1. 声明一个整型变量 x，并将其初始化为 100；声明一个浮点型常量 y，将其值设置为 3.14。最后，将 x 的值和 y 的值相乘，赋值给变量 z；声明一个字符型常量 a，将其值设置为 ' A'；声明一个布尔型变量 b，并将其初始化为 true，将 x，y，z 以及 a，b 输出。

2. 编写程序，使用 Scanner 类完成从键盘输入一个双精度浮点数，然后将该浮点数的整数部分输出。

3. 编写程序，使用 Scanner 类从键盘输入两个整数，对这两个整数进行和、差、积、商、模（求余）运算，并将结果一一输出。

第3章

流程控制

本章主要介绍编写 Java 程序所必需的流程控制语句,只有掌握这些流程控制语句,编写 Java 程序才能得心应手。

流程主要指程序运行时,各语句的执行顺序。在生活中,人们做事有一定的次序和章程,在程序编写中也是一样。流程语句就是用来控制程序中各个语句执行顺序的语句,是程序中非常基本却又非常关键的部分。任何一门高级语言都定义了自己的流程控制语句来控制程序中的流程。流程控制语句可以把单个的词句组合成有意义的、能完成一定功能的小逻辑模块。最主要的流程控制方式是结构化程序设计中规定的三种基本流程结构:顺序结构、分支结构(或称选择结构)和循环结构。

 学习目标

(1) 理解流程控制在程序编写中的作用;
(2) 掌握两种分支语句的使用;
(3) 掌握三种循环语句的使用;
(4) 掌握跳转语句的使用。

 本章知识地图

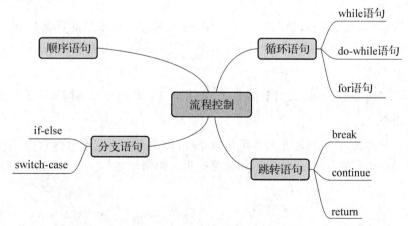

顺序结构是最简单的流程控制结构。顺序结构就是从上到下一行一行执行的结构，中间没有判断和跳转，直到程序结束。在顺序结构中，程序按照书写的先后顺序依次执行。所以高级语言不需要为顺序结构定义专门的流程控制语句，只要编写时把语句按照希望其执行的顺序来书写即可。

如下述代码段，语句依次执行。

```
float x =- 45.2f;
int y = 10;
System.out.print("x ="+ x);
```

顺序流程结构如图 3 - 1 所示。

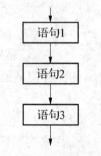

图 3 - 1 顺序语句流程图

3.1 分支控制语句

Java 程序通过一些控制结构的语句来执行程序流，完成一定的任务。程序流是由若干个语句组成的，语句可以是单一的一条语句，如 c = a + b；也可以是用大括号"{ }"括起来的一个复合语句即语句块，其中"{"表示开始，"}"表示结束。

Java 语句包含一系列的流程控制语句，表达了一定的逻辑关系，本节介绍分支控制语句，包括 if-else 分支与 switch-case 分支。

【任务驱动】

1. 任务介绍

超市销售苹果，每斤 6 元，现在开始大促销，如果顾客购买水果的重量达到 10 千克，可以享受总价 7 折的优惠，购买小于 10 千克的，原价购买。试着用程序来解决这个问题。

2. 任务目标

编写 Java Application，定义必要的变量，采用本节所学的分支结构解决苹果销售问题。

3. 实现思路

分析题目的含义，首先判断是否满足优惠条件（即购买水果的重量达到 10 斤），如果是，则计算出享受折扣后的总价，最后输出和最终的折扣价格。

【知识讲解】

1. if 条件分支语句

一般情况下,程序是按照语句的先后顺序依次执行的,但在实际应用中,往往会出现这些情况,例如计算一个数的绝对值,若该数是一个正数(>=0),其绝对值就是本身;否则取该数的负值(负负得正)。这就需要根据条件来确定执行所需要的操作。类似这样情况的处理,要使用 if 条件分支语句来实现。if 条件分支语句有三种不同形式,其格式如下:

(1) 语法格式 1

```
if (布尔表达式) 语句;
```

功能:若布尔表达式(关系表达式或逻辑表达式)产生 true (真)值,则执行语句,否则跳过该语句。执行流程如图 3-2 所示。

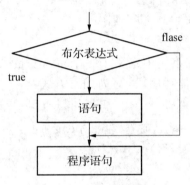

图 3-2　if 语句流程图

其中,语句可以是单个语句或语句块(用大括号"{}"括起的多个语句)。

例如,求实型变量 x 的绝对值的程序段:

```
float x =- 45.2145f;
if(x < 0) x =- x;
System.out.println("x ="+ x);
```

(2) 语法格式 2

```
if(布尔表达式) 语句1;
else 语句2;
```

该格式分支语句的功能流程如图 3-3 所示,如果布尔表达式的值为 true 执行语句1,否则执行语句2。

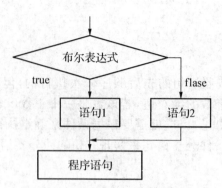

图 3 - 3　if-else 语句流程图

例如,下面的程序段测试一门功课的成绩是否通过:

```
int score = 40;
boolean b = Score >= 60; //布尔型变量 b 是 false
if(b) System.out.println ("你通过了测试");
else System.out.println ("你没有通过测试");
```

这是一个简单的例子,在该例中定义了一个布尔变量来实现,主要是说明一下它的应用。当然也可以将上述功能程序段,写为如下方式:

```
int score = 40;
if(score >= 60) System.out.println("你通过了测试");
else System.out.println("你没有通过测试");
```

（3）语法格式 3

```
if(布尔表达式 1) 语句 1;
else if (布尔表达式 2) 语句 2;
……
else if (布尔表达式 n - 1) 语句 n - 1;
else 语句 n;
```

这是一种多者择一的多分支结构,其功能是:如果布尔表达式 $i(i=1\sim n-1)$ 的值为 true,则执行语句 i;否则(布尔表达式 i 的值均为 false, $i=1\sim n-1$)执行语句 n。功能流程见图 3 - 4。

【实例】　为考试成绩划定五个级别,当成绩大于或等于 90 分时,划定为优;当成绩大于或等于 80 且小于 90 时,划定为良;当成绩大于或等于 70 且小于 80 时,划定为中;当成绩大于或等于 60 且小于 70 时,划定为及格;当成绩小于 60 时,划定为差。

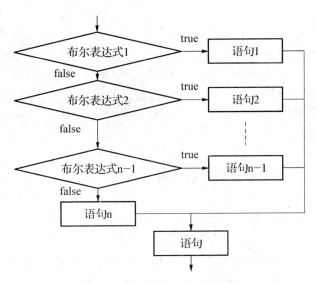

图 3 - 4 多分支 if-else 流程图

源文件 3 - 1 ScoreExam.java

```
public class ScoreExam
{
  public static void main(String [] args)
  {
     int score;
     Scanner reader = new Scanner(System.in);
     System.out.print("请输一个数:");
     score = reader.nextInt();//请输入 0~ 100 的数进行测试
     if(score>= 90) System.out.println("等级为优="+ score);
      else if(score>= 80) System.out.println("等级为良,score ="+ score);
         else if(score>= 70) System.out.println("等级为中,score ="+ score);
          else if(score>= 60) System.out.println("等级为及格,score ="+ score);
            else System.out.println("等级为不合格,score ="+ score);
  }
}
```

2. switch 条件语句

如上所述,嵌套的 if - else 可以实现复合判断,当分支较多时,使用这种形式会显得比较麻烦,程序的可读性差且容易出错。Java 提供了 switch 语句实现"多者择一"的功能。switch 语句的一般格式如下。

```
switch(表达式){
    case 判断值 1:语句块 1; break; //分支 1
    case 判断值 2:语句块 2; break; //分支 2
    ......
    case 判断值 n:语句块 n; break; //分支 n
    default:语句块 n + 1                    //分支 n + 1
}
```

其中：

（1）表达式是可以生成整数或字符值的整型表达式或字符型表达式，注意在较新版本的 JDK 中，也可以是字符串。

（2）判断值 i(i = 1~n)是对应于表达式类型的常量值。各常量值必须是唯一的。

（3）语句组 i(i = 1~n + 1)可以是空语句，也可以是一个或多个语句。

（4）break 关键字的作用是结束本 switch 结构语句的执行，跳到该结构外的下一个语句执行。

switch 语句的执行流程：先计算表达式的值，根据计算值查找与之匹配的常量 i，若找到，则执行语句组 i，遇到 break 语句后跳出 switch 结构，否则继续执行下边的语句组。

如果没有查找到与计算值相匹配的常量 i，则执行 default 关键字后的语句 n + 1。

多分支的开关语句，用于对多个整型值进行匹配，从而实现分支控制。

程序执行流程，如图 3 - 5 所示。

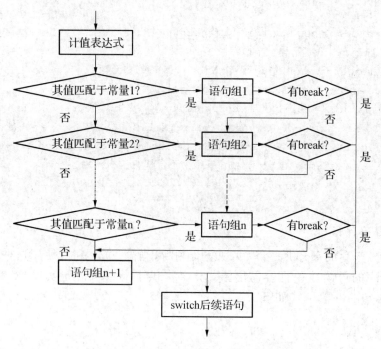

图 3 - 5　switch 语句流程图

【实例】 使用 switch 结构重写成绩判定问题,程序参考代码如下。

源文件名 3-2 SwitchExam.java

```java
public class SwitchExam {
 public static void main(String[] args)
 {
      int score;
      Scanner reader = new Scanner(System.in);
      System.out.print("请输一个数:");
      score = reader.nextInt();
      int n = score/10;
       switch(n)
       {
          case 10:
          case 9: System.out.println("等级为优,score ="+ score);
           break;
          case 8: System.out.println("等级为良,score ="+ score);
           break;
          case 7: System.out.println("等级为中,score ="+ score);
           break;
          case 6: System.out.println("等级为及格,score ="+ score);
           break;
          default: System.out.println("等级为不合格,score ="+ score);
       }
    }
}
```

通过比较,可以看出,用 switch 语句处理多分支问题,结构比较清晰,程序易读易懂。使用 switch 语句的关键在于计值表达式的处理,在上面程序中 n = score/10,当 score = 100 时,n = 10;当 score 大于等于 90 小于 100 时,n = 9,因此常量 10 和 9 共用一个语句组。此外 score 在 60 分以下,n = 5,4,3,2,1,0 统归为 default,共用一个语句组。

【动手实践】

1. 完成任务驱动中的实践任务

超市销售苹果,每斤 6 元,现在开始大促销,如果顾客购买水果的重量达到 10 千克,可以享受总价 7 折的优惠,购买小于 10 千克的,原价购买。试着用程序来解决这个问题。

(1) 使用 if-else 语句解决

超市促销苹果案例的代码如下。

源文件 3 - 3   **AppleDiscount1.java**

```java
import java.util.Scanner;
public class AppleDiscount1 {
  public static void main(String[] args) {
    Scanner input = new Scanner(System.in);
    double weight, price, total_price;
    System.out.print("请输入购买的苹果重量(单位:千克):");
    weight = input.nextDouble();
    price = 6;
    total_price = weight * price;
    if (weight >= 10) {
      total_price *= 0.7;
    }
    System.out.printf("您购买了%.2f 千克苹果,需支付%.2f 元。", weight, total_price);
  }
}
```

以上程序中,首先使用 Scanner 类读取用户输入的购买重量,然后根据每斤 6 元的价格,计算出总价。接着使用 if 语句判断是否满足优惠条件,如果是则计算出折扣后的总价。最后输出总价和最终的折扣价格,如果不满足,则直接输出重量和总价。

（2）使用 switch-case 语句解决

上述苹果销售问题,使用 switch-case 语句,同样能够解决。源代码如下。

源文件 3 - 4   **AppleDiscount2.java**

```java
import java.util.Scanner;
public class AppleDiscount2 {
  public static void main(String[] args) {
    double pricePerKg = 6.0;
    double discountRate = 0.7;
    double totalPrice;
    System.out.println("请输入购买的苹果重量(单位:千克):");
    Scanner scanner = new Scanner(System.in);
    double weight = scanner.nextDouble();
    switch ((int)(weight / 10)) {
      case 0:
        totalPrice = weight * pricePerKg;
        break;
      default:
        totalPrice = weight * pricePerKg * discountRate;
        break;
    }
    System.out.println("购买" + weight + "千克苹果,总价为:" + totalPrice + "元");
  }
}
```

程序通过获取用户输入的苹果重量,计算出折扣前和折后的总价,并输出结果。当重量小于 10 千克时,按原价计算;当重量达到 10 千克及以上时,按 7 折价计算。使用 switch 语句将重量除以 10 取整后作为表达式,通过 case 分支进行判断。

2. 给出年份、月份,计算输出该月的天数

编写一个程序,该程序需要读取用户输入的年份和月份,并计算输出该月有多少天。具体思路如下:使用 Scanner 类读取用户输入的年份和月份。判断该年份是否为闰年。

闰年满足以下条件之一:能被 4 整除但不能被 100 整除;能被 400 整除。如果是闰年,则 2 月份有 29 天,否则为 28 天。

根据月份判断出该月有多少天。对于 4 月、6 月、9 月和 11 月,每个月有 30 天;对于其他月份,每个月有 31 天。输出结果,显示给定年份和月份中指定月份的总天数。

(1) 使用 if-else 语句解决

源文件 3 - 5 **TestDaysIf.java**

```java
import java.util.Scanner;
public class TestDaysIf{
  public static void main(String[] args) {
    Scanner scanner = new Scanner(System.in);

    System.out.print("请输入年份:");
    int year = scanner.nextInt();
    System.out.print("请输入月份:");
    int month = scanner.nextInt();

    int days;
    if (month == 2) {
      if ((year % 4 == 0 && year % 100 != 0) || year % 400 == 0) {
        days = 29;
      } else {
        days = 28;
      }
    } else if (month == 4 || month == 6 || month == 9 || month == 11) {
      days = 30;
    } else {
      days = 31;   // 其他月份都有 31 天
    }
    System.out.println(year +"年"+ month +"月共有"+ days +"天。");
  }
}
```

程序通过获取用户输入的年份和月份,根据是否是闰年以及月份大小等判断条件,计算出该月有多少天,并输出结果。

如果是闰年并且输入的月份为 2,则该月有 29 天;否则,如果输入的月份为 4、6、9 或

11,则该月有 30 天;否则该月有 31 天。使用 if-else 语句对这些判断条件进行处理,最后输出计算结果。

（2）使用 switch-case 语句解决

源文件 3 - 6　TestDaysCase.java

```java
import java.util.Scanner;
public class TestDaysCase {
  public static void main(String[] args) {
    Scanner input = new Scanner(System.in);
    int year, month, days;
    System.out.print("请输入年份:");
    year = input.nextInt();
    System.out.print("请输入月份:");
    month = input.nextInt();
    // 计算闰年
    boolean isLeapYear = (year % 4 == 0 && year % 100 != 0) || (year % 400 == 0);
    // 计算该月份的天数
    switch (month) {
      case 2:
        days = isLeapYear ? 29 : 28;
        break;
      case 4:
      case 6:
      case 9:
      case 11:
        days = 30;
        break;
      default:
        days = 31;
        break;
    }
    System.out.printf("%d年%d月共有%d天", year, month, days);
  }
}
```

这段程序先读取用户输入的年份和月份,然后利用 if 语句判断是否为闰年,接着根据 month 变量值使用 switch 语句针对不同的月份设置不同的天数。

对于 2 月份,程序将默认设置为 28 天,然后进行闰年判断:如果该年是闰年,则把天数加 1(因为 2 月有 29 天);而如果不是闰年,则不做任何改动。对于月份为 4、6、9 和 11 的情况,程序将默认设置为 30 天;对于其他月份,则将默认设置为 31 天。最后,程序输出结果,即给定年份和月份的总天数。

【拓展提升】

1. case 中表达式为字符串的情形

编写具有一定健壮性的四则运算程序，根据输入的运算符，确定将要执行的操作。要求从键盘读入字符串，作为 case 判断的分支。

源文件 3 - 7 **TestCalculator.java**

```java
import java.util.Scanner;
public class TestCalculator {
  public static void main(String[] args) {
    Scanner scanner = new Scanner(System.in);
    System.out.print("请输入操作数 1:");
    double operand1 = scanner.nextDouble();

    System.out.print("请输入操作符(+、-、*、/):");
    String operator = scanner.next(); // 获取输入的字符串

    System.out.print("请输入操作数 2:");
    double operand2 = scanner.nextDouble();

    double result;
    switch (operator) { // 使用字符串作为 switch 表达式
    case "+":
      result = operand1 + operand2;
      break;
    case "-":
      result = operand1 - operand2;
      break;
    case "*":
      result = operand1 * operand2;
      break;
    case "/":
      if (operand2 == 0) { // 判断除数是否为零
        System.out.println("除数不能为零!");
        return; // 结束程序
      }
      result = operand1 / operand2;
      break;
    default:
      System.out.println("错误的操作符!");
      return; // 结束程序
    }
```

```
    System.out.println(operand1 +""+ operator +""+ operand2 +"="+ result);
    }
}
```

　　程序通过使用 Scanner 类分别获取用户输入的操作数和操作符,并根据操作符进行相应的运算。使用字符串作为 switch 表达式,通过 case 分支判断使用哪种运算符。如果输入的操作符"/",需要判断除数是否为零,如果是则输出错误提示信息并结束程序。除了以上几种情况,其他的操作符都视为错误操作符,需要输出相应的错误提示信息并结束程序。

　　注意,在使用字符串作为 switch 表达式时,需要使用 Java 7 及以上的版本。否则,可以使用 if-else 语句进行判断。

　　2. 共享分支的编程小技巧

　　switch 语句出口点范例:

```
switch (MyGrade) {
    case 'A':MyScore = 5 ;
    case 'B':MyScore = 4 ;
    case 'C':MyScore = 3 ;
    default:MyScore = 0 ;
}
```

　　假设 MyGrade 值为'A',执行完 switch 语句后,变量 MyScore 的值为多少?

　　结论:MyScore 的值被赋成 0,而不是 5。原因在于如果没有其他的约束,在执行完一个 case 分支后,会继续执行后续的分支。如何解决? 使用 break 语句。

　　break 共享分支时,可以实现由不同的判断语句流入相同的分支。

　　break 妙用:仅划分及格与不及格,如下述代码。

```
switch (MyGrade){
    case 'A':
    case 'B':
    case 'C':MyScore = 1 ;//及格
    break ;
    default:MyScore = 0 ; //不及格
}
```

　　3. switch 嵌套情况

　　在实际编程中,会出现需要嵌套使用 switch 的情况,如下述程序。

　　在该程序中设计嵌套的 switch-case 语句,首先 a 的值被赋为 0,根据 switch 语句的特性,程序将会从 default 标签开始执行。然后进入嵌套的 switch 语句中,因为 b 的初始值也是 0,所以会进入 case 0 分支中并执行 s +=1 的操作,然后会执行 default 分支中的语句 s += 2。这两个语句都没有 break 语句,所以会继续往下执行,最终程序会输出 s 的值为 3。

源文件 3 - 8　**SwitchNest.java**

```
class SwitchNest{
 public static void main(String[] args)
  { int a = 0,b = 0,s = 0;
    switch(a)
     {
      default: switch(b)
             { case 0:s += 1;
               default:s += 2;break;
             }
      case 1: s += 3;break;
     }
    System.out.println("运算结果为:s ="+ s);
  }
}
```

该程序的输出结果为：

运算结果为:s = 3

注意，如果 a 的值为 1，则会执行 switch 语句中的 case 1 分支，并跳过内层的 switch 语句，这时的输出结果为 6。

3.2　循环控制语句

在程序中，重复地执行某段程序代码是最常见的，Java 也和其他的程序设计语言一样，提供了循环执行代码语句的功能。这里的循环语句主要包括 for 循环、while 循环、do-while 循环。

【任务驱动】

1. 任务介绍

通过循环语句来计算并输出用户输入的正整数 n 的阶乘(即 n !)。

2. 任务目标

编写 Java Application，定义必要的变量，采用本节所学的循环语句实现阶乘。

3. 实现思路

首先使用 Scanner 类获取用户输入的正整数 n，并将阶乘的初值设置为 1，接着使用循环遍历从 1 到 n 的所有正整数，依次将它们相乘并赋值，最后，程序输出计算得到的 n 的阶乘。

【知识讲解】

1. while 循环

一般情况下，for 循环用于处理确定次数的循环；while 和 do-while 循环用于处理不确定次数的循环。格式如下。

```
while(布尔表达式) {
    语句组;  //循环体
}
```

执行流程如图 3 - 6 所示。

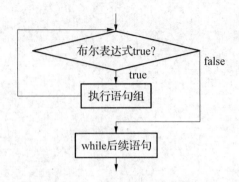

图 3 - 6　while 语句执行流程图

其中：

（1）布尔表达式可以是关系表达式或逻辑表达式，它产生一个布尔值。

（2）语句组是循环体，要重复执行的语句序列。

while 循环的执行流程如图 3 - 6 所示。当布尔表达式产生的布尔型值是 true 时，重复执行循环体（语句组）操作，当布尔表达式产生值是 false 时，结束循环操作，执行 while 循环体下面的程序语句。

【实例】　使用 while 循环，实现累加求和问题。从键盘输入一个数 m，求 1 + 2 +……+ m 的累加和。

源文件 3 - 9　TestWhile.java

```java
import java.util.Scanner;
public class TestWhile{
    public static void main(String[] args) {
        Scanner sc = new Scanner(System.in);
        System.out.print("请输入一个整数 m:");
        int m = sc.nextInt();
        int i = 1;
        int sum = 0;
        while (i <= m) {
            sum += i;
            i ++;
        }
        System.out.println("1 + 2 +...+"+ m +"的累加和为:"+ sum);
    }
}
```

程序先使用 Scanner 类从控制台读取用户输入的整数 m。接着定义一个变量 i 作为计数器,初始值为 1;一个变量 sum 存储累加和的初始值。接下来使得 while 循环进行迭代,当 i 小于等于 m 时执行累加操作,每次将 i 加入 sum 中,并将 i 自增 1 以处理下一个数。当 i 大于 m 时,退出循环并显示计算结果。

编译、运行程序,假设输入的数为 12,则可得运行结果如下。

```
请输入一个整数 m:12
1 + 2 +...+ 12 的累加和为:78
```

读者可以使用不同的输入数据进行测试。

2. do-while 循环

do-while 循环的一般格式如下。

```
do{
 语句组;　//循环体
 }
while(布尔表达式);
```

do-while 的循环流程如图 3 - 7 所示。

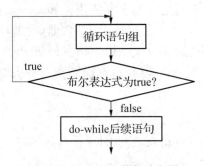

图 3 - 7　do-while 执行流程图

do-while 和 while 循环,不仅在语法格式上存在差别,在处理流程上也有显著的差别。

while 循环先判断布尔表达式的值,如果表达式的值为 true 则执行循环体,否则跳过循环体的执行。因此如果一开始布尔表达式的值就为 false,那么循环体一次也不被执行。

do-while 循环是先执行一遍循环体,然后再判断布尔表达式的值,若为 true 则再次执行循环体,否则执行后边的程序语句。无论布尔表达式的值如何,do-while 循环都至少会执行一遍循环体语句。

【实例】　使用 do-while 循环实现上述累加求和问题。

使用 do-while 循环实现累加求和问题,需要先将用户输入的数 m 读入程序中,并设置一个变量 i 作为计数器。然后使用 do-while 循环,先执行一次循环体中的代码,当 i 小于等于 m 时,将 i 加入累加和 sum 中并将 i 自增 1。当 i 大于 m 时,退出循环,并输出最终的累加和。

源文件 3 - 10　TestDoWhile.java

```java
import java.util.Scanner;
public class TestDoWhile {
  public static void main(String[] args) {
    Scanner sc = new Scanner(System.in);
    System.out.print("请输入一个整数 m:");
    int m = sc.nextInt();
    int i = 1;
    int sum = 0;
    do {
      sum += i;
      i ++;
    } while (i <= m);
    System.out.println("1 + 2 +...+"+ m +"的累加和为:"+ sum);
  }
}
```

编译、运行程序,大家可以分析一下结果,比较两种循环之间的差别。

与前面 while 程序类似,不同之处在于它使用了 do-while 循环结构。首先从控制台读取用户输入的整数 m,然后定义一个变量 i 作为计数器,在循环头部之前进行初始化;一个变量 sum 用来存储累加和的初始值为 0。接着使用 do-while 循环进行迭代,先执行一次循环体中的累加操作并自增 i,当 i 小于等于 m 时跳转到循环头部再次执行,当 i 大于 m 时结束循环并显示计算结果。

3. for 循环语句

for 循环语句是最常见的循环语句之一。for 循环语句的一般格式如下。

```
for ( 表达式 1; 表达式 2; 表达式 3)
{
语句组; //循环体
}
```

for 循环语句的执行流程如图 3 - 8 所示。

其中:

(1) 表达式 1 一般用于设置循环控制变量的初始值。例如:int i = 1;

(2) 表达式 2 一般是关系表达式或逻辑表达式,用于确定是否继续进行循环体语句的执行。例如:i <100;

(3) 表达式 3 一般用于循环控制变量的增减值操作。例如:i ++; 或 i --;

(4) 语句组是要被重复执行的语句称之为循环体。语句组可以是空语句(什么也不做)、单个语句或多个语句。

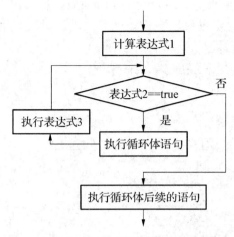

图 3-8　for 循环执行流程

执行流程：先计算表达式 1 的值；再计算表达式 2 的值，若其值为 true，则执行一遍循环体语句；然后再计算表达式 3。之后又一次计算表达式 2 的值，若值为 true，则再执行一遍循环体语句；又一次计算表达式 3；再一次计算表达式 2 的值……如此重复，直到表达式 2 的值为 false，结束循环，执行循环体下面的程序语句。

源文件 3-11　TestSumFor.java

```java
public class TestSumFor{
    public static void main(String [] args)
    {
        int sum = 0;
        for(int i = 1; i <= 100; i ++)
        {
            sum += i;
        }
        System.out.println("sum ="+ sum);
    }
}
```

该例子中使用的是 for 标准格式的书写形式，在实际应用中，可能会使用一些非标准但符合语法和应用要求书写形式。不管何种形式，只要掌握 for 循环的控制流程即可。

【动手实践】

1. 完成任务驱动中的实践任务

通过循环语句来计算并输出用户输入的正整数数字 n 的阶乘（即 n！）。

（1）使用 for 循环实现

源文件 3 - 12　FactorialCalculator1.java

```java
import java.util.Scanner;
public class FactorialCalculator1 {
  public static void main(String[] args) {
    Scanner scanner = new Scanner(System.in);

    System.out.print("请输入一个正整数:");
    int n = scanner.nextInt(); // 获取用户输入的正整数

    int factorial = 1; // 将阶乘的初值设置为 1

    for (int i = 1; i <= n; i ++) {
      factorial *= i; // 计算阶乘
    }
    System.out.println(n +"的阶乘为:"+ factorial);
  }
}
```

该程序首先使用 Scanner 类获取用户输入的正整数 n,并将阶乘的初值设置为 1。然后,程序使用 for 循环遍历从 1 到 n 的所有正整数,依次将它们相乘并赋值给变量 factorial。最后,程序输出计算得到的 n 的阶乘。

(2) 使用 while 循环实现

源文件 3 - 13　FactorialCalculator2.java

```java
import java.util.Scanner;
public class FactorialCalculator2{
  public static void main(String[] args) {
    Scanner scanner = new Scanner(System.in);
    System.out.print("请输入一个正整数:");
    int n = scanner.nextInt(); // 获取用户输入的正整数
    int factorial = 1; // 将阶乘的初值设置为 1
    int i = 1;
    while (i <= n) {
      factorial *= i; // 计算阶乘
      i ++;
    }
    System.out.println(n +"的阶乘为:"+ factorial);
  }
}
```

将 for 循环改为了 while 循环。首先初始化变量 i 为 1,然后在每次循环中计算 i 的阶乘,最后将 i 加 1,直到 i 大于 n 时跳出循环。

（3）使用 do-while 循环实现

源文件 3 - 14　FactorialCalculator3.java

```java
import java.util.Scanner;
public class FactorialCalculator3 {
  public static void main(String[] args) {
    Scanner scanner = new Scanner(System.in);
    System.out.print("请输入一个正整数:");
    int n = scanner.nextInt(); // 获取用户输入的正整数
    int factorial = 1; // 将阶乘的初值设置为1
    int i = 1;
    do {
      factorial *= i; // 计算阶乘
      i ++;
    } while (i <= n);
    System.out.println(n +"的阶乘为:"+ factorial);
  }
}
```

在这个程序中，使用了 do-while 循环。和 while 循环不同的是，do-while 循环至少会执行一次，然后再根据条件判断是否继续执行循环。

在本例中，需要先初始化 i 和 factorial 的初始值，并且不能保证 n 一定大于 0，所以需要用 do-while 循环来确保阶乘至少会被计算一次。计算阶乘的方法同样使用了自增运算符来更新循环变量 i 和阶乘 factorial 的值，直到条件 i <= n 不满足跳出循环。

（4）各种循环的综合运用

总的来说，不同类型的循环结构在应用上能有些微差别，应根据实际需求决定何种循环结构最为适合。

例如，对于上述求阶乘的案例，可以继续修改完善。

源文件 3 - 15　FactorialCalculator4.java

```java
import java.util.Scanner;
public class FactorialCalculator4 {
  public static void main(String[] args) {
    Scanner scanner = new Scanner(System.in);
    int n;

    do {
      System.out.print("请输入一个正整数:");
      n = scanner.nextInt(); // 获取用户输入的正整数
    } while (n <= 0); // 如果输入不是正数,则要求用户重新输入

    int factorial = 1; // 将阶乘的初值设置为1
    for (int i = 1; i <= n; i ++) {
```

```
        factorial *= i;  // 计算阶乘
    }

    System.out.println(n +"的阶乘为:"+ factorial);
    }
}
```

在这个程序中,首先使用 do-while 循环来读取用户输入的正整数,如果输入的不是正数,则要求用户重新输入,输入的正整数 n 通过 for 循环来计算其阶乘。该程序的主要优点在于对用户错误输入进行了合理的处理和响应,让程序能够更加健壮和友好。

2. 水仙花数与循环嵌套

水仙花数是指一个 n 位正整数($n \geqslant 3$),它的每个数位上的数字的 n 次方之和等于它本身。现求解 1000 以内的水仙花数。

编程时,可以使用循环语句来遍历 1000 以内的所有三位数,并判断它是否为水仙花数。如:$371 = 3^3 + 7^3 + 1^3$,则 371 就是一个水仙花数。

在该案例中,需要使用到循环嵌套。

循环嵌套是指在一个循环语句中嵌套另一个循环语句。这种嵌套可以用来解决许多复杂的问题,例如遍历多维数组或处理具有层次结构的数据。

在 Java 中,常见的循环嵌套结构是使用嵌套的 for 循环。例如,下面的代码展示了一个简单的二重循环嵌套:

```
for (int i = 1; i <= 5; i ++) {
  for (int j = 1; j <= i; j ++) {
    System.out.print(j +"");
  }
  System.out.println();
}
```

这个代码将输出一个如下的三角形:

```
1
1 2
1 2 3
1 2 3 4
1 2 3 4 5
```

在这个例子中,外层的 for 循环控制了行数,内层的 for 循环控制每行中的数字个数,并在每次迭代中打印数字和空格。通过循环嵌套,可以实现这种具有层次结构的输出。

需要注意的是,循环嵌套可能会导致代码的执行时间增加,因此在使用循环嵌套时要谨慎。确保循环嵌套的层数不会过多,并尽可能优化代码逻辑,以提高执行效率。

源文件 3－16 NarciNumber.java

```java
public class NarciNumber {
  public static void main(String[] args) {
    int count = 0; // 计数器,用于统计已经输出的水仙花数个数
    for (int i = 100; i <= 999; i ++) {
      int n = i;
      int sum = 0;

      while (n > 0) {
        int digit = n % 10;
        sum += Math.pow(digit, 3); // 每一位的数字的 3 次方之和
        n /= 10;
      }

      if (i == sum) { // 判断是否为水仙花数
        System.out.print(i +"");
        count ++;
        if (count % 5 == 0) { // 每行输出 5 个水仙花数
          System.out.println();
        }
      }
    }
  }
}
```

在这个程序中,通过 for 循环枚举 1000 以内的所有三位数,并使用 while 循环将其各位数字的 3 次方之和计算出来。当某个数等于其各位数字的 3 次方之和时,就说明它是一个水仙花数,此时输出该数字并将计数器加一。当每输出 5 个数字时,就换行。就能够求解 1000 以内的所有水仙花数,并按照要求进行输出了。

本程序中,将使用到 Math 类(参见拓展提升部分)的相关方法。

【拓展提升】

1. API 文档补充——Math 类

在上述水仙花数案例中,使用到了 Math 类。Math 类包含用于执行基本数学运算的方法,它是 Java 默认包 lang 包中的类,因此无须导入,可以直接使用 Math 类的相关方法。

2. Math 类中的常见方法和常量

Java 中的 Math 类提供了一系列常用的数学函数和常量,包括三角函数、指数函数、对数函数、取整函数、随机数生成等。以下是一些数学函数对应的 Math 类方法。

(1) 常量

Math.E:自然数 e 的值(2.718281828459045)。

Math.PI:圆周率 π 的值(3.141592653589793)。

（2）三角函数对应的方法

Math.sin(x)：计算弧度 x 的正弦值。

Math.cos(x)：计算弧度 x 的余弦值。

Math.tan(x)：计算弧度 x 的正切值。

Math.asin(x)：计算 x 的反正弦值。

Math.acos(x)：计算 x 的反余弦值。

Math.atan(x)：计算 x 的反正切值。

Math.atan2(y, x)：根据 y/x 的值计算夹角的反正切值。

（3）指数函数对应的方法

Math.exp(x)：计算 e 的 x 次幂。

Math.log(x)：计算以 e 为底，x 的对数。

Math.log10(x)：计算以 10 为底，x 的对数。

Math.pow(x, y)：计算 x 的 y 次幂。

（4）取整函数对应的方法

Math.round(x)：进行四舍五入。

Math.ceil(x)：向上取整。

Math.floor(x)：向下取整。

（5）随机数生成

Math.random()：生成一个介于 0 和 1 之间的随机数。

Math 类中还有很多其他的方法，使用时可根据实际需求选择合适的方法。

3. Math 类中方法的调用

Math 类中的方法，都是静态方法，故用类名直接引用即可。如：Math.pow(i, 3)求解的是 i 的 3 次方。

【实例】 演示如何使用 Math 类计算圆面积的。

源文件夹 3 - 17　CircleArea.java

```java
import java.util.Scanner;
public class CircleArea {
  public static void main(String[] args) {
    final double PI = Math.PI; // 圆周率常量
    Scanner input = new Scanner(System.in);

    System.out.print("请输入圆的半径:");
    double radius = input.nextDouble();
    double area = PI * Math.pow(radius, 2); // 计算面积
    System.out.println("圆的面积是:"+ area);
  }
}
```

在这个程序中,通过导入 Math 类来调用常量 Math.PI 和 Math.pow 方法。其中:使用 Math.PI 获取圆周率的值;使用 Math.pow(x,y)方法求出半径的平方。然后再将输入的半径值和计算好的圆面积输出到控制台上。

3.3　跳转语句

跳转语句是编程语言中的一种语句,用于改变程序执行的流程。它可以使程序跳过当前位置的代码,转而执行其他位置的代码。Java 语言提供了三种无条件转移语句:return、break 和 continue。

【任务驱动】

1. 任务介绍

写一个程序,从 1 打印到 100。但对于 3 的倍数,不能输出这个数字本身,而是输出 "Fizz";对于 5 的倍数,输出"Buzz";对于既是 3 和 5 的倍数的数字,输出"FizzBuzz";对于 15 的倍数,直接结束输出,输出"Game Over !",要求在代码中使用 break 和 continue 语句。

2. 任务目标

编写 Java Application,定义必要的变量,采用本节所学的跳转语句来实现输出数据时候的筛选。

3. 实现思路

在编写程序时,需要先明确计算的数据范围和规则。使用 for 循环结构依次遍历这个区间,并对每一个数进行判断,直到循环结束输出结果。

【知识讲解】

1. break 语句

break 语句可用于 switch 语句,也可用于循环语句的结构。在 switch 分支中,使用 break,将使程序的流程从一个语句块内部跳转出来。

在循环中,使用 break 语句将强行终止其所在层的循环,从循环体内部跳出。

语法格式:

```
break;
```

【实例】　编写一个程序,使用了 for 循环和条件判断语句 if。在循环中,将 i 从 0 逐步增加到 4。当 i 等于 3 时,使用 break 语句来中断循环,然后打印"Game Over !"。如果 i 不等于 3,则输出当前 i 的值。

源文件 3 - 18   LoopWithBreak.java

```java
public class LoopWithBreak {
  public static void main(String[] args) {
    for (int i = 0; i < 5; i ++) {
      if (i == 3) {
        System.out.println("Game Over !");
        break;
      } else {
        System.out.println("i ="+ i);
      }
    }
  }
}
```

在这个程序中,使用了 for 循环从 0 逐步增加到 4。当 i 等于 3 时,输出"Game Over !"并中断循环,否则输出当前 i 的值。最终输出结果为:

```
i = 0
i = 1
i = 2
Game Over !
```

换句话说,在循环运行到 i = 3 的时候中断了循环,并输出了" Game Over !",所以没有再执行后面的循环体内容,直接结束程序。

2. continue 语句

continue 语句只能用于循环结构中,它和 break 语句类似。

语法格式:

```
continue;
```

【实例】 编程,输出 10~1000 之间既能被 5 整除也能被 9 整除的数,每行打印 3 个。

源文件 3 - 19   LoopWithContinue.java

```java
public class LoopWithContinue {
  public static void main(String[] args) {
    int count = 0;
    for (int i = 10; i <= 1000; i ++) {
      if (i % 5 == 0 && i % 9 == 0) {
        System.out.print(i +"");
        count ++;
        if (count % 3 == 0) {
          System.out.println();
        }
      }
```

```
      }
    }
}
```

以上代码循环遍历 10～1000 之间的数，当数能同时被 5 和 9 整除时，才打印该数。每行打印 3 个数字，并保证输出格式的美观性。

编译、运行程序，运行结果为：

```
45 90 135
180 225 270
315 360 405
450 495 540
585 630 675
720 765 810
855 900 945
990
```

3. return 语句

return 语句用于方法中，该语句的功能是结束该方法的执行，返回到该方法的调用者或将方法中的计算值返回给方法的调用者。return 语句有以下两种格式：

```
return;
return 表达式;
```

第一种格式用于无返回值的方法；第二种格式用于需要返回值的方法。

具体 return 语句的使用，将在方法调用中进一步讲解。

【动手实践】

下面完成任务驱动中的实践任务。

根据任务要求，从 1 打印到 100。对于 3 的倍数，不能输出这个数字本身，输出 "Fizz"；对于 5 的倍数，输出 "Buzz"；对于既是 3 和 5 的倍数的数字，输出 "FizzBuzz"；对于 15 的倍数，直接结束输出，输出 "Game Over !"，编写代码如下。

源文件 3－20　FizzBuzz.java

```java
public class FizzBuzz {
  public static void main(String[] args) {
    for (int i = 1; i <= 100; i ++) {
      if (i % 3 == 0 && i % 5 == 0) {
        System.out.println(" FizzBuzz");
        continue;
      }
      if (i % 3 == 0) {
        System.out.println("Fizz");
```

```
        continue;
      }
    if (i % 5 == 0) {
      System.out.println(" Buzz");
      continue;
    }
    if (i % 15 == 0) {
      System.out.println(" Game Over !");
      break;
    }
    System.out.println(i);
    }
  }
}
```

在这个程序中,使用了 for 循环从 1 遍历到 100。当找到能同时被 3 和 5 整除的数字时,输出"FizzBuzz",然后使用 continue 跳过本次循环;对于只能被 3 整除而不能同时被 3 和 5 整除的数字,输出"Fizz",同样跳过本次循环;对于只能被 5 整除而不能同时被 3 和 5 整除的数字,输出"Buzz",同时跳过当前循环;对于能被 15 整除的数字,结束输出并输出" Game Over !",直接退出整个循环;最后对于剩下的数字直接输出。这样就达到了上述问题要求的效果。

需要注意的是,在程序中应该尽量避免过多使用跳转语句,并且要注意使用得当,以免造成程序逻辑的混乱和难以维护。

【拓展提升】

除了常规的 break 和 continue 语句外,Java 中还提供了带标号的 break 和 continue,以实现特殊的功能。

1. break 标号

带标号的 break 语句并不常见,它的功能是结束其所在结构体(switch 或循环)的执行,跳到该结构体外由标号指定的语句去执行。该格式一般适用于多层嵌套的循环结构和 switch 结构中,当你需要从一组嵌套较深的循环结构或 switch 结构中跳出时,该语句是十分有效的,它大大简化了操作。

注意:break 一般结束其所在层的循环,使用标号可以结束其外层循环。

```
label1: { ……
label2: { ……
label3:    { ……
                break label2;
                ……
          }
      }
   }
```

2. continue 标号

continue 的作用是结束本轮次循环(即跳过循环体中下面尚未执行的语句),直接进入下一轮次的循环。

而带标号的 continue 语句的功能。则是结束本循环的执行,跳到该循环体外由标号指定的语句去执行。它一般用于多重(即嵌套)循环中,当需要从内层循环体跳到外层循环体执行时,使用该格式十分有效,它大大简化了程序的操作。

3. 带标号的 break 案例

编程实现四则运算,要求四则运算的程序更加健壮,当输入符号错误时,不退出程序,而是提醒用户重新输入运算符号。利用带标号的 break,结合循环,可以实现此功能。

如假设 a,b 两数的值为 12,6,进行程序编写。

源文件 3-21　LabelTest.java

```java
import java.util.*;
public class LabelTest {
    public static void main (String[] args)
    {
      int a = 100, b = 6;
      String oper;
      Scanner reader = new Scanner(System.in);
      System.out.print("请输入运算符:");
      while(true)
      ss:{ oper = reader.next();
        switch (oper)
        {case "+": System.out.println(a +"+"+ b +"="+(a + b));         break;
        case "- ": System.out.println(a +"- "+ b +"="+(a - b));          break;
        case "*": System.out.println(a +"*"+ b +"="+(a * b));         break;
        case "/": System.out.println(a +"/"+ b +"="+((float)a/b));    break;
        default: System.out.print("符号不正确,请重新输入(+-*/):");    break ss;
            }
      break ;
      }
    }
}
```

运行结果如下:

```
请输入运算符:#
符号不正确,请重新输入(+-*/):+
100 + 6 = 106
```

读者可以继续修改该程序,两个操作数不直接赋值,而是从键盘读入。

3.4 本章小结

本章讨论了条件分支结构的控制语句和循环结构的控制语句以及 break、continue、return 等控制语句,它们是程序设计的基础,应该认真理解,熟练掌握并应用。

本章重点:三种格式的 if 分支结构和 switch 多分支结构、for 循环结构、while 循环结构、do - while 循环结构、break 语句、continue 语句和 return 语句的使用。注意不同格式分支结构的功能,不同循环结构之间使用上的差别,只有这样,才能在实际应用中正确使用它们。

3.5 本章习题

一、填空题

以下程序的输出结果是_____。

```java
public class SwitchTest {
  public static void main(String[] args) {
  char c =' B';
  switch(c){
      case 'A':System.out.print("A");
    case 'B':System.out.print("B");
    case 'C':System.out.print("C");
    case 'D':System.out.print("D");
    default:System.out.println("No match !");
  }
  }
}
```

二、选择题

1. 下列哪个 Java 保留字表示条件分支结构?（　　　）

A. for   B. if   C. while   D. switch

2. 下列循环语句的循环次数是(　　　)。

```java
int i = 5;
do {  System.out.println(i --);
        i --;
}while(i != 0);
```

A. 5   B. 无限   C. 0   D. 1

3. 一个循环一般应包括哪几部分内容?（　　）

A. 初始化部分   B. 循环体部分   C. 迭代部分和终止部分   D. 以上都是

4. 在以下代码中,外层循环执行(　　　)次。

```java
for (int i = 0; i < 5; i ++) {
  for (int j = 0; j < 3; j ++) {
```

```
    System.out.print(i +"-"+ j +"");
    }
    System.out.println();
}
```

A. 5　　　　　　　　　B. 4　　　　　　　　　C. 6　　　　　　　　　D. 3

5. 关于 while 和 do-while 循环,下列说法正确的是(　　)。

A. 两种循环除了格式不通外,功能完全相同。

B. 与 do-while 语句不通的是,while 语句的循环至少执行一次。

C. do-while 语句首先计算终止条件,当条件满足时,才去执行循环体中的语句。

D. 以上都不对。

三、阅读程序题

1. 阅读下列代码片段,判定代码的功能。并上机调试加以验证。

```
Scanner buf = new Scanner(System.in);
do{
  System.out.print("输入数据:");
  n = buf.nextInt();
  } while (n <= 0);
```

2. 阅读以下程序,写出运行结果。并上机调试,验证结果的正确性。注意:break 语句将从循环体内跳出。

```
public class TestBreak
{
  public static void main(String args[])
{
    for(int i = 0; i < 10; i ++){
      if(i == 3)
          break;
      System.out.println("i ="+ i);
    }
    System.out.println("Game Over !");
  }
}
```

四、编程题

1. 编写程序,利用 Scanner 类从键盘读入运算符,以字符串的方式读入,并进行运算符的判断。如果为"+"、"-"、"*"、"/"、"%",则进行相应的运算,如果非运算符,则给出错误提示。

2. 要求:从键盘输入某学生的语文、数学、英语成绩,求解并输出该学生三门课的总分、平均分。要求,在录入学生成绩时,必须保证录入的是 0～100 的数据,否则提示成绩出错,要求重新输入,直到输入符合要求的数据为止。

3. 编写一个程序,根据用户输入的月份输出季节。输入 3、4、5 月,输出"春季",6、7、8 月,对应"夏季";9、10、11 月,对应"秋季",12、1、2 月对应冬季。

第4章

数组与字符串

数组是一种数据结构，它可以存储多个相同类型的数据元素，这些元素在内存中是连续存放的，并通过一个索引来访问。在编程中，通过使用数组，可以更方便地操作一组相关的数据，并按照需要对其进行排序、搜索或统计等操作。

字符串是指一串由字符组成的序列，它在数据处理、输出、文件操作和网络通信等方面都有广泛的应用。在 Java 中，数组与字符串都属于引用类型，具有相似的特点，故本章将两者一起讲解。

学习目标

(1) 理解一维数组的概念，能使用一维数组进行程序编写；

(2) 理解二维数组的概念，能使用二维数组进行程序编写；

(3) 理解字符串概念及其存储特点，能进行字符串的创建与使用；

(4) 掌握字符串类中常见的方法，能够进行相应的程序编写；

(5) 了解 Arrays 类在编程中的应用。

本章知识地图

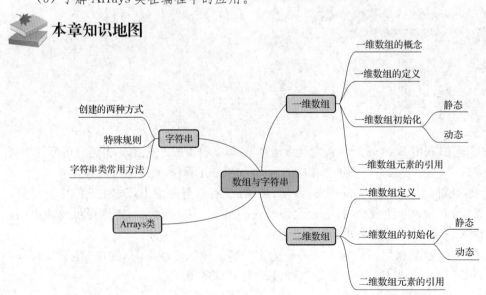

4.1 一维数组

一维数组是指由相同类型的元素组成的有限长度的数据结构。在 Java 中,一维数组是一种引用类型,用于存储同类型的数据。数组的长度在创建时固定,并且每个元素通过索引访问。

【任务驱动】

1. 任务介绍

编程:现有 10 名学生,要求从键盘输入 10 位学生的成绩,并对这 10 名学生的成绩进行统计分析,统计出他们的总分和平均分。

2. 任务目标

编写 Java Application,定义必要的变量,采用本节一维数组相关知识解决该问题。

3. 实现思路

分析题目的含义,首先定义一维数组,存放 10 名学生的成绩,再利用 for 循环对数组进行遍历,在遍历的过程中,将各成员成绩相加,求出总分,最后再求出平均分。

【知识讲解】

1. 一维数组的概念

在实际项目中,如果需要表达多个变量,工作量巨大,此时有一种更简便的方式,可以一次定义一组变量,那就是数组。

如下述代码:

```
class Test {
  public void main(String[] args) {
    int sum, a = 89, b = 87, c = 90, d = 67;
    sum = a + b + c + d;
    System.out.println("总分:" + sum);
  }
}
```

在该代码中,对 4 名学生的成绩进行求解,定义了 4 个变量。如果有 10 名学生,那么就需要定义 10 个变量,如果有 100 名学生呢? 显然这样的处理方式不合适,因此在程序中提供了数组,用来解决此类问题。

在 Java 中,一维数组是一组同类型的数据元素的集合。它们被存储在连续的内存位置上,并可以通过唯一的数组名和下标来访问它们,数组中的元素可以是基本类型或者引用类型。本章主要介绍数组元素为基本类型的情形。

2. 一维数组的定义

定义一个一维数组需要指定其数据类型和数组变量名称,其语法格式如下:

```
type[] arrayName;//或 type arrayName[];
```

因此定义一个一维的整型数组,可以写成如下形式:

```
int[] score;   //推荐使用此种定义形式
int score[];
```

另外,需要特别注意,以下两种定义方法,均为非法。因为 Java 中的数组为引用类型,因此不需要指定数组的长度。

```
int[10 ]  score;  //非法
int  score[10];  //非法
```

3. 一维数组的初始化

一般情况下,在声明完数组变量后,需要为数组分配存储空间并赋初值,这个过程称为初始化。Java 中的数组必须先初始化,然后才可以使用。

简单来说,初始化的任务包括:为数组元素分配内存空间,为每个元素赋初值。

Java 中一维数组的初始化分为:静态初始化和动态初始化。

(1) 静态初始化

静态初始化可以在定义数组变量时直接为数组元素赋予初始值。一般由程序员指定每个数组元素的初始值,由系统决定数组长度。如下述代码:

```
int[] score;
score = new int[] { 72, 84, 91, 93, 80, 35, 88, 49, 95, 90};
```

在该代码中,定义整型数组,并为数组元素赋初值;代码中并未提及数组长度,将由系统根据元素的个数来确定,因此该 score 数组的长度为 10。

另外,静态初始化除了上述形式,也可以写成如下两种形式,效果是等价的。

```
int[] score = new int[] {72, 84, 91, 93, 80, 35, 88, 49, 95, 90};
int[] score ={ 72, 84, 91, 93, 80, 35, 88, 49, 95, 90};
```

(2) 动态初始化

这种初始化方式中,程序员只指定数组长度,由系统为数组元素分配初始值。如:

```
int[] score = new int[10];   //分配了 10 个 int 空间,初始值为 0
```

在这里确定数组长度为 10,如果没有为数组元素赋初值,那么默认值为相应数据类型的缺省值。这里为 score 型数组,因此数组元素值为 0。如果写为:

```
float[] score = new float[10];
```

数组长度依然为 10,但数组元素缺省值不再是 0,而是实型数据的缺省值 0.0。

```
public class Test {
  public static void main(String argv[]){
    int a[]= new int[5];
    System.out.println(a[3]);
  }
}
```

在该代码中,输出 a[3]的值,会发现其值为 0。

各数据类型的缺省值,如表 4-1 所示。

表 4-1　各类型元素默认初始值

数组元素类型	初始值
整型	0
浮点型	0.0
字符型	'\ u0000'
布尔类型	false
引用类型	null

当然,因缺省值并没有实际的意义,所以在大多数情况下,程序员会在程序中为数组元素赋初值,实现对应的功能。

4. 一维数组元素的引用

实现数组定义与初始化后,需要访问一维数组中的元素,实现对应的功能。

（1）引用语法

访问一维数组中的元素需要使用下标操作符[],具体语法如下:

```
arrayName[index];
```

下标 index 从 0 开始,取值范围为 0 到数组长度减 1。

例如,对于长度为 10 的数组 score,访问数组中的第一个元素,代码为:

```
int firstScore = scores[0];   //注意第一个元素的下标是 0
```

访问数组中的最后一个元素,代码为:

```
int lastScore = scores[9];   //注意最后一个元素的下标是 9
```

在实际编程中,还可以将数组元素作为表达式的一部分使用:

```
System.out.println("第一个成绩:"+ scores[0]);
```

（2）数组访问与 for 循环的结合

数组一般可以和 for 循环结合,实现遍历。

【实例】　对静态初始化的 10 个数组元素求总和,并输出。

源文件 4-1　ArraySum1.java

```
class ArraySum1
{ public static void main(String[] args)
  { double sum = 0;
    double[] score = new double[]{92,84,91,93,80,35,88,49,95.5,90};
    for(int i = 0;i < 10;i ++)
      { sum = sum + score[i]; }
    System.out.println("10 人平均成绩为"+ sum/10);
  }
}
```

特别要注意,在该段代码中,访问数组元素时下标不能越界。

for(int i = 0; i < 10; i ++) 中的 i < 10 可写成:i <= 9,但不能写成: i <= 10。

(3) lenght 属性

在 Java 中,一维数组的长度是固定的,一旦分配了空间就不能更改。该长度可以通过数组实例的 length 属性来获取。使用时,通过数组名直接访问即可。

```
int[] s = new int[] {35,88,49,95,90};
```

则

```
s.length = 5;
```

源文件 4 - 1 中的代码,可以改为:

源文件 4 - 2　ArraySum2.java

```
class ArraySum2
{ public static void main(String[] args)
  { double sum = 0;
    double[] score = new double[]{92,84,91,93,80,35,88,49,95.5,90};
    for(int i = 0; i <= score.length - 1; i ++)   //或 for(int i = 0; i < score.length; i ++)
      { sum = sum + score[i]; }
    System.out.println("10 人平均成绩为"+ sum/10);
  }
}
```

从上述案例中,可以看出使用数组长度 length 属性可以方便地确定循环操作的次数,当数组长度改变时,代码中涉及数组长度的部分,不需要另行修改,使得程序更加健壮、简洁、易读。

另外,使用 length 属性还可以避免越界错误:如果直接使用数字指定数组长度,可能会因为数组长度的变化而导致数据被越界访问,而使用数组长度属性可以保证不会访问到非法的数组下标从而防止数组越界错误。

因此,建议在程序编写中,尽量使用 length 属性来表达数组长度。

【动手实践】

在任务驱动中,给出了成绩统计的任务,要求从键盘输入 10 名学生的成绩,并对这 10 名学生的成绩进行统计分析,统计出他们的总分和平均分。

下面就用所学的一维数组的知识,解决上述问题。参考代码如下。

源文件 4 - 3　ArrayScoreTest.java

```
import java.util.*;
public class ArrayScoreTest {
  public static void main(String[] args) {
      int numStudents = 10;
      int[] scores = new int[numStudents];
      int totalScore = 0;
```

```
    double averageScore;
    Scanner scanner = new Scanner(System.in);
    for (int i = 0; i < numStudents; i ++) {
      System.out.print("请输入第"+(i + 1)+"名学生的成绩:");
      scores[i]= scanner.nextInt();
      totalScore += scores[i];
    }
    averageScore =(double) totalScore / numStudents;
    System.out.println("总分:"+ totalScore);
    System.out.println("平均分:"+ averageScore);
  }
}
```

这段代码的功能是输入 10 名学生的成绩,计算总分和平均分,并输出结果。在 main 方法中,定义了一个整型变量 numStudents 来表示学生的数量,并初始化为 10。另外,创建了一个整型数组 scores 来存储学生的成绩。定义了整型变量 totalScore 来记录总分,并初始化为 0。定义了双精度变量 averageScore 来记录平均分。

接着,创建了 Scanner 对象 scanner,用于读取键盘输入,并使用 System.out.println 方法输出提示信息,要求用户依次输入 10 名学生的成绩。输入时,使用 for 循环遍历每位同学,从键盘读取输入的成绩,并将其存储在 scores 数组中的相应位置。同时,将每名学生的成绩累加到 totalScore 中。

最后计算平均分,通过将存储在 totalScore 中的总分除以学生的数量得到平均分。将结果存储在 averageScore 变量中。

在本例中,计算平均分时用到了(double) totalScore / numStudents 语句,实现类型转换。

【拓展提升】

1. 擂台法思想

擂台法是一种算法设计的思想,用于求解优化问题或者枚举问题中的最优解。这种思想可以通过维护一个"擂主"来保留当前的最优解,并在处理过程中不断更新"擂主",以找到更优的解。具体来说,可以通过遍历问题中的每个元素或者阶段,在处理过程中不断与当前"擂主"进行比较,如果新的解更优,那么就将"擂主"更新为该解。最后得到的"擂主"即整个问题的最优解。擂台法通常应用于很多领域,如字符串匹配、图像识别、游戏 AI 等等。

在具体实现中,擂台法通常涉及以下几个步骤:

(1) 初始化一个称为"擂主"的变量,用于记录当前的最优解。

(2) 通过循环或递归等方式依次处理问题中的每个元素或阶段,在处理过程中维护当前的最优解,并与原来的"擂主"进行比较,如果发现有更优的解,则将"擂主"更新为该解。

(3) 最后得到的最优解即整个问题的解。

擂台法常用于求解优化问题或枚举问题的最优解,例如寻找最大值/最小值、寻找最长/最短路径等等。在计算机程序设计中,擂台法还可以应用于很多场景,如字符串匹配、图像识别、游戏 AI 等领域。

【实例】 从键盘输入 5 个数,求解最大数并输出,结合一维数组与擂台法思想解决。

源文件 4 - 4　MaxNumTest.java

```java
import java.util.*;
public class MaxNumTest
{ public static void main(String[] args)
    {
     Scanner scanner = new Scanner(System.in);
     int[] numbers = new int[5];
     System.out.println("请输入 5 个数:");
     for (int i = 0; i < 5; i ++) {
       numbers[i]= scanner.nextInt();
     }
     int max = numbers[0];
     for (int i = 1; i < 5; i ++) {
       if (numbers[i]> max) {
         max = numbers[i];
       }
     }
     System.out.println("最大数为:"+ max);
    }
}
```

在程序中,首先定义了 MaxNumTest 类,在 main 方法中,先定义了两个变量:i 和 max,它们分别代表数组下标和最大值。接着创建了一个名为 numbers 的整型数组,长度为 5,以存储从键盘上读取的整数。这里使用 new 关键字为数组分配内存空间。

然后创建了一个 Scanner 对象,并使用 for 循环依次读取用户从键盘上输入的每个数字,并将其添加到整型数组 numbers 中。初始化一个 max 变量为数组中的第一个元素,作为"擂主"。然后,通过 for 循环遍历数组中除了第一个元素以外的其他所有元素,每次将其与当前的 max(即当前的"擂主")进行比较。如果发现有更大的数,则将 max 更新为新的数,直到处理完整个数组。最后,输出得到的最大数 max。

2. 成绩统计程序的优化

利用擂台法思想,进一步优化任务驱动中的任务,要求不仅求出总分,平均分,还要求出 10 名学生成绩中的最高分,最低分。

源文件 4 - 5　TestAllScore.java

```java
import java.util.Scanner;
public class TestAllScore {
  public static void main(String[] args) {
    int i;
    double sum = 0, avg;
    int maxScore = Integer.MIN_VALUE, minScore = Integer.MAX_VALUE;
        // 初始化为最小值和最大值
```

```
int[] scores = new int[10];
Scanner reader = new Scanner(System.in);
System.out.println("请输入 10 名学生的成绩:");
for (i = 0; i < 10; i ++) {
  scores[i]= reader.nextInt();
  sum += scores[i];
  if (scores[i]> maxScore) {
    maxScore = scores[i];
  }
  if (scores[i]< minScore) {
    minScore = scores[i];
  }
}
avg = sum / 10;
System.out.println("10 名学生的总分为:"+ sum);
System.out.println("10 名学生的平均分为:"+ avg);
System.out.println("10 名学生的最高分为:"+ maxScore);
System.out.println("10 名学生的最低分为:"+ minScore);
  }
}
```

在该程序中,定义了变量 i、sum、avg、maxScore 和 minScore,并分别用于存储循环计数器、总分、平均分、最高分和最低分的值。创建了一个名为 scores 的整型数组,长度为 10,以存储 10 名学生的成绩,创建了一个 Scanner 对象,用于读取用户输入的值。

使用 for 循环依次读取用户从键盘上输入的每个数字,并将其添加到整型数组 scores 中。同时,循环中累加所有分数,以计算总分和平均分。利用 if 语句找出最高分和最低分。最后,输出得到的总分、平均分、最高分和最低分。

注意,在计算平均分时需要将总分除以 10 才能得到正确的结果。

在该代码中 Integer.MAX_VALUE 是 Java 中 int 类型的最大值常量,它的值为 2147483647。这个值是一个固定的整型常量。例如在寻找一个整型数组中的最小值时,可以先将变量初始化为 Integer.MAX_VALUE,再遍历数组,如果发现有比当前最小值更小的元素,就将最小值更新为该元素。同样地,Integer.MIN_VALUE 也可以用于寻找整型数组中的最大值。

4.2　二维数组

二维数组是指可以按照"行"和"列"两个维度进行索引的数组。在 Java 中,使用二维数组来存储具有"表格"形式结构的数据,如矩阵、图像以及某些复杂数据类型等。使用二维数组,可以有效弥补一维数组的不足。

【任务驱动】

1. 任务介绍

编程：利用二维数组编程求解。

（1）定义 3×4 的二维整型数组，从键盘输入数组元素；

（2）找出矩阵中值最大的元素，并输出其值及所在的行号和列号。

2. 任务目标

编写 Java Application，定义必要的变量，采用本节二维数组相关知识解决该问题。

3. 实现思路

分析题目的含义，首先定义二维数组，存放 3×4 矩阵的数据，利用嵌套的 for 循环对数组进行遍历，在遍历的过程中，找出矩阵中值最大的元素，并输出其值及所在的行号和列号。

【知识讲解】

1. 二维数组的声明

定义一个二维数组需要指定其"行数"和"列数"，通常的语法格式：

```
type[][] arrName;  //建议使用
type arrName[][];
```

可以理解为：

数据类型[][]数组名=new 数据类型[行数][列数]；

例如，下述语句定义了不同类型的二维数组。

```
int[][] num;
double[][] score;
char[][] test;
```

2. 二维数组的初始化

同一维数组类似，二维数组的初始化也包括静态初始化和动态初始化两种方式。

（1）静态初始化

由程序员指定每个数组元素的初始值，由系统决定数组长度。即声明二维数组时直接为其赋初值，例如：

```
int[][] intArray={{1,2,3}, {4,5,6}};
```

则此二维数组，可以理解为 2 行 3 列的矩阵，共包含 6 个元素。其逻辑结构如下。

1	2	3
4	5	6

（2）动态初始化

程序员只指定数组长度，由系统为数组元素分配初始值。例如：

```
int[][] x = new int[2][3];
```

则此二维数组,可以理解为 2 行 3 列的矩阵,初始值同一维数组初始化一样,为各数据类型的默认值,此处为整型默认值 0。

如果用 i 表示行,j 表示列,则此二维数组 x 可以表示为下述结构。

	j = 0	j = 1	j = 2
i = 0	0	0	0
i = 1	0	0	0

二维数组可以理解为"数组的数组",本质上还是一维数组。因数组为引用类型,故此例中的 x 为引用类型变量。

因此对于数组 x,可以理解为:

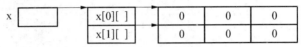

图 4-1　二维数组存储示意图

3. 二维数组元素的访问

(1) 访问形式

例如,下面的代码创建了一个 3×4 的整型数组:

```
int[][] x = new int[3][4];
```

这意味着 x 数组有 3 行、4 列,它们的元素可以通过 x[i][j] 的形式进行访问,其中 i 表示行号,j 表示列号,索引从 0 开始,最大值分别为 2 和 3。

可以使用下列语句来为数组元素赋值:

```
x[1][1]= 2;    //将第一行第一列的元素设置为 2
x[2][1]= 23;   //将第二行第一列的元素设置为 23
```

(2) 二维数组中的 length 属性

在二维数组中,行数及每行元素个数的获取,也可以使用 length 属性。如下述代码:

```
int[][] x = new int[3][];
x[0]= new int[4];
x[1]= new int[2];//每一行的元素个数可以不同
```

则有如下结果:

```
x.length;        //计算数组 x 的行数
x[0].length;     //计算数组 x 的第零行的元素的个数
x[1].length;     //计算数组 x 的第一行的元素的个数
```

(3) 案例练习

【实例】 定义四行五列的数组,从左到右,从上到下为数组的每个元素依次赋值为 0—19,然后显示数组的值。

```
public class TwoArrayTest {
  public static void main(String[] args) {
    int[][] arr = new int[4][5];  // 定义一个 4×5 的二维整型数组
    for (int i = 0; i < 4; i ++) {
      for (int j = 0; j < 5; j ++) {
        arr[i][j]= i * 5 + j;  // 按照要求给数组赋值
      }
    }
    // 显示数组中每个元素的值
    for (int i = 0; i < 4; i ++) {
      for (int j = 0; j < 5; j ++) {
        System.out.print(arr[i][j]+"\t");
      }
      System.out.println();  // 每行结束换行
    }
  }
}
```

该程序先定义一个 4 行 5 列的二维整型数组,然后利用双重循环按照要求给数组中的每个元素依次赋值,最后再利用双重循环将数组中每个元素的值输出。

运行后,程序会输出以下结果:

```
0  1  2  3  4
5  6  7  8  9
10 11 12 13 14
15 16 17 18 19
```

如果使用 length 属性改写,则代码如下。

源文件 4-7 TwoArrayDemo.java

```
public class TwoArrayDemo {
  public static void main(String[] args) {
    int[][] arr = new int[4][5];  // 定义一个 4×5 的二维整型数组
    for (int i = 0; i < arr.length; i ++) {
      for (int j = 0; j < arr[i].length; j ++) {
        arr[i][j]= i * arr[i].length + j;  // 按照要求给数组赋值
      }
    }
    // 显示数组中每个元素的值
    for (int i = 0; i < arr.length; i ++) {
      for (int j = 0; j < arr[i].length; j ++) {
        System.out.print(arr[i][j]+"\t");
      }
```

```
    System.out.println();  // 每行结束换行
    }
  }
}
```

该程序与前面的程序基本相同,只不过在循环时使用了数组的 length 属性以便数组的大小如果改变时,程序能够自动适应。由于数组 arr 的长度为 4,因此外层循环中使用 arr.length,内层循环中使用 arr[i].length 来表示第 i 行的长度。

【动手实践】

下面完成任务驱动中的实践任务。

编程:利用二维数组编程求解。

(1) 定义 3×4 的二维整型数组,从键盘输入数组元素;

(2) 找出矩阵中值最大的元素,并输出其值及所在的行号和列号。

源文件 4 - 8　MaxValueInMatrix.java

```java
import java.util.Scanner;
public class MaxValueInMatrix {
  public static void main(String[] args) {
    int[][] matrix = new int[2][3];
    System.out.println("请逐个输入矩阵中的元素:");
    Scanner scanner = new Scanner(System.in);
    for (int i = 0; i < 2; i ++) {
      for (int j = 0; j < 3; j ++) {
        matrix[i][j] = scanner.nextInt();
      }
    }
    // 找出矩阵中值最大的元素,并输出其值及所在的行号和列号
    int maxVal = matrix[0][0];  // 初始假设第一个元素最大
    int row = 0, col = 0;        // 记录最大元素所在的行和列
    for (int i = 0; i < 2; i ++) {
      for (int j = 0; j < 3; j ++) {
        if (matrix[i][j] > maxVal) {
          maxVal = matrix[i][j];
          row = i;   // 更新最大元素所在的行
          col = j;   // 更新最大元素所在的列
        }
      }
    }
    System.out.println("矩阵中最大的元素为:" + maxVal);
    System.out.println("它位于第" + (row + 1) + "行第" + (col + 1) + "列");
  }
}
```

程序定义一个 2×3 的二维整型数组,从键盘上逐个输入 2×3 的二维整型数组的元素,然后在矩阵中找出值最大的元素,并输出它的值以及所在的行和列。表达式(row + 1)和(col + 1)是为了将下标转换为行号和列号(下标从 0 开始)。

【拓展提升】

1. 二维数组特殊的初始化形式

二维数组在定义与初始化时,可以只指定一个维度的信息。例如:

```
int twoD[][]= new int[4][];
```

在数组 twoD 被定义时给它的第一个维数分配内存,对第二维则是手工分配内存。且每一行元素个数可以不同。

Java 中允许多维数组的存在,允许不规则矩阵的形式存在。以下内存定义分配的方式是合法的,如下述代码。

```
twoD[0]= new int[5];
twoD[1]= new int[2];
twoD[2]= new int[3];
twoD[3]= new int[4];
```

这样定义的二维数组,得到的是不规则的矩阵,不过,在一般项目中使用较少,常在数学矩阵运算中使用到。

特别要注意,在数组定义时,只定义第二个维数是非法的。

```
int t1[][]= new int [][4];   //非法
```

2. Arrays 类的使用

Arrays 类是 java.util 包中的一个工具类,提供了一系列用于操作数组的方法。可以实现数组的排序和查找、数组的比较和对数组增加元素,数组的复制和将数组转换成字符串等功能。

下面是一个使用 Arrays 类的示例程序,该程序演示了如何使用 Arrays 类的 sort()方法,将一个 int 型数组按升序排列,并计算出其中的最大值和最小值。

如下述代码:

源文件 4-9   ArraysDemoTest.java

```
import java.util.Arrays;
public class ArraysDemoTest {
  public static void main(String[] args) {
    int[] arr ={3, 9, 1, 4, 2, 8, 5, 7, 6};
    // 使用 Arrays 类中的 sort 方法对数组进行排序
    Arrays.sort(arr);
    // 输出排序后的数组和最大、最小值
    System.out.println("排序后的数组为:"+ Arrays.toString(arr));
    System.out.println("数组中的最大值为:"+ arr[arr.length - 1]);
```

```
        System.out.println("数组中的最小值为:"+ arr[0]);
    }
}
```

该程序首先定义了一个 int 型数组 arr,然后使用 Arrays 类中的 sort()方法对数组进行升序排序。最后输出排序后的数组以及其中的最大值和最小值。程序会输出以下结果:

```
排序后的数组为:[1, 2, 3, 4, 5, 6, 7, 8, 9]
数组中的最大值为:9
数组中的最小值为:1
```

这里的 sort()方法默认是升序排列,Java 中的 Arrays 工具类还提供了更多的对数组进行操作的方法,在这里就不一一列举了,大家可以查看 API 了解更多的方法。

4.3　字符串

【任务驱动】

1. 任务介绍

编程:字符串过滤。为了净化网络环境,在网上发帖时,常常需要过滤掉非法关键词。下面模仿这一功能,从键盘输入一个字符串和一个字符,从该字符串中删除给定的字符。

2. 任务目标

编写 Java Application,定义必要的变量,采用本节字符串相关知识解决该问题。

3. 实现思路

分析题目的含义,首先从键盘输入字符串和待过滤的字符,再利用嵌套的 for 循环对字符串进行遍历,当发现待过滤字符后,将其删除,并输出过滤后的字符串。

【知识讲解】

字符串是由字符组成的序列,用双引号括起来,例如:" a","\ n"," Hello"等。而字符常量的定义形式则是:' a','\ n'等。

字符串分为两大类:一类是创建之后不会再做修改和变动的字符串,比如 String 类;另一类是创建之后允许再做更改和变化的字符串,如 StringBuffer 类,StringBuilder 类。本节介绍 String 类。

1. 字符串对象的创建

创建字符串对象,分为对象的声明和对象的创建两步。有两种创建方式。

（1）使用 new 关键字

```
String s ;   //声明引用变量 s
s = new String (" ABC") ; //在内存中申请分配空间,s 指向字符串首地址
```

上述两个语句可合并:

```
String s = new String ("ABC") ;
```

String 为类类型,和数组一样,为引用类型,因此这两种方式创建的 s,可以称为引用变量,也可以称为字符串对象

另外,因 String 为引用类型,可以赋空值,因此下面的书写是合法的。

```
String aStr4 = null; //空值
```

(2) 利用双引号为新建的 String 对象"赋值"

```
String s =" ABC";
```

Java 系统会自动为每个用双引号括起的字符串常量创建一个 String 对象。

这里的"赋值"只是一种特殊的省略写法,不同于基本类型的赋值;

不管是那种方法创建的字符串,都可以使用方法 println()输出。

```
System.out.println(s);
```

2. String 类的重要规则

使用 String 类创建的字符串对象一旦被配置,它的值是固定不变的,如果一定要改变它的值,会产生一个新值的字符串。

```
String str1 ="Hello";
str1 ="Java"; //此时 str1 所指向的字符串为 Java
```

3. String 类的常用方法

Java 中 String 类提供了非常丰富的方法,以下是其中的一些常用方法。

(1) charAt()方法

```
charAt(int index) ;
```

获取当前字符串中第 index 个字符并返回该字符(index 从 0 算起)

```
String s ="HelloWorld";
char aChar = s.charAt(0); //aChar = 'H'
```

(2) length ()方法

求字符串的长度,获得当前字符串对象中字符的个数。

源文件 4‑10　**StringTestLength.java**

```
public class StringTestLength {
    public static void main(String[] args) {
        int[] scores = new int[10];
        String  s1 ="Hello !";
        String s2 ="近来身体好吗";
        System.out.println ("s1 的长度为:"+ s1.length()) ;
        System.out.println ("s2 的长度为:"+ s2.length()) ;
    }
}
```

运行结果为:

```
s1 的长度为:6
s2 的长度为:6
```

（3）equals(Object anObject)

将当前字符串与参数中给出的字符串相比较,若两字符串相同,则返回真值,否则返回假值。

equals()方法,用于比较两个字符串对象的字符值是否相同。

```
String str1 = new String("Hello");
String str2 = new String("Hello");
System.out.println(str1.equals(str2));
```

需要注意,因 str1 和 str2 均为引用类型的变量,其中存放的并非字符串本身,因此使用下面的代码,将不能正确实现字符串的比较。

```
System.out.println (str1 == str2); //错误
```

（4）equalsIgnoreCase(String anotherString)

与 equals 相似,但比较时将忽略字母大小写的差别。

源文件 4 - 11　StringTestEqual.java

```
public class StringTestEqual{
    public static void main(String[] args) {
        String s1 ="Hello ! World";
        String s2 ="hello ! world";
        boolean b1 = s1.equals ( s2 );
        boolean b2 = s1.equalsIgnoreCase ( s2 );
        System.out.println ("b1 的值为:"+ b1) ;
        System.out.println ("b2 的值为:"+ b2) ;
    }
}
```

以上程序的运行结果为:

```
b1 的值为:false
b2 的值为:true
```

这些仅是 String 类可用方法中的一部分,除了上述方法,还提供了其他诸多方法。比如 concat, replace, substring, toLowerCase, toUpperCase, trim, toString 等方法能创建并返回一个新的 String 对象;endsWith, startsWith, indexOf, lastIndexOf 等方法提供查找功能可以根据实际需要选择更适合自己的方法。具体如下:

① public int indexOf(char ch) 返回字符 ch 在字符串中第一次出现的位置。

② public lastIndexOf(char ch) 返回字符 ch 在字符串中最后一次出现的位置。

③ public int indexOf(String str) 返回子串 str 在字符串中第一次出现的位置。

④ public int lastIndexOf(String str) 返回子串 str 在字符串中最后一次出现的位置。

⑤ public int indexOf(int ch, int fromIndex) 返回字符 ch 在字符串中 fromIndex 位置

以后第一次出现的位置。

⑥ public lastIndexOf(in ch ,int fromIndex) 返回字符 ch 在字符串中 fromIndex 位置以后最后一次出现的位置

⑦ public int indexOf(String str,int fromIndex) 返回子串 str 在字符串中 fromIndex 位置后第一次出现的位置。

⑧ public int lastIndexOf(String str,int fromIndex) 返回子串 str 在字符串中 fromIndex 位置后最后一次出现的位置。

⑨ public String substring(int beginIndex) 返回字符串中从 beginIndex 位置开始的字符子串。

⑩ public String substring(int beginIndex, int endIndex) 返回字符串中从 beginIndex 位置开始到 endIndex 位置(不包括该位置)结束的字符子串。

⑪ public String contact(String str) 用来将当前字符串与给定字符串 str 连接起来。

⑫ public String replace(char oldChar, char newChar) 用来把串中所有由 oldChar 指定的字符替换成由 newChar 指定的字符以生成新串。

⑬ public String toLowerCase()把串中所有的字符变成小写且返回新串。

⑭ public String toUpperCase()把串中所有的字符变成大写且返回新串。

⑮ public String trim()去掉串中前导空格和拖尾空格且返回新串。

(5) 各种方法综合应用

需要注意的是,String 类中的方法为实例方法,需要创建 String 类的实例后,方可调用。下面是方法的综合运用,可以尝试写出运行结果,并上机调试验证。

源文件 4-12　StringMethod.java

```
class StringMethod{
 public static void main(String[] args){
    String s = new String("Hello World");
    System.out.println( s.length() );
    System.out.println( s.equals("Hello world") );
    System.out.println( s.equalsIgnoreCase("Hello world") );
    System.out.println( s.charAt(1) );
    System.out.println( s.toUpperCase() );
    System.out.println( s.toLowerCase() );
    System.out.println( s.replace('o', 'x') );
    System.out.println( s );   //注意,s 本身没有改变
    }
}
```

【动手实践】

1. 完成任务驱动中的实践任务,实现文字过滤功能

直接定义一个新的字符串变量 newStr,然后循环遍历原始字符串,将不等于指定字符的字符拼接到新字符串里面。具体步骤如下:

（1）从键盘输入一个字符串和一个字符。

（2）定义一个空字符串 newStr，然后循环遍历原始字符串，如果当前字符不等于指定字符，则将该字符拼接到 newStr 后面。

（3）输出处理后的字符串。

源文件 4-13　DeleteCharInString.java

```java
import java.util.Scanner;
public class DeleteCharInString {
  public static void main(String[] args) {
    Scanner scanner = new Scanner(System.in);
    System.out.println("请输入一个字符串:");
    String str = scanner.nextLine();
    System.out.println("请输入要删除的字符:");
    char ch = scanner.next().charAt(0);

    String newStr ="";
    for (int i = 0; i < str.length(); i ++) {
      char c = str.charAt(i);
      if (c != ch) {
        newStr += c;
      }
    }
    System.out.println("删除后的字符串为:"+ newStr);
  }
}
```

2. 字符统计

【实例】 编写代码，编程统计用户从键盘输入的字符串中所包含的字母、数字和其他字符的个数。

对于该程序要求的功能，可以使用循环遍历字符串中的每个字符，然后根据字符的 Unicode 值来判断它属于字母、数字还是其他字符，代码如下。

源文件 4-14　CountCharacter.java

```java
import java.util.Scanner;
public class CountCharacter {
  public static void main(String[] args) {
    Scanner scanner = new Scanner(System.in);
    System.out.println("请输入一个字符串:");
    String str = scanner.nextLine();
    int letterCount = 0;   // 字母数量
    int digitCount = 0;   // 数字数量
    int otherCount = 0;   // 其他字符数量
    for (int i = 0; i < str.length(); i ++) {
```

```
    char c = str.charAt(i);
    if ((c >= 'a'&& c <= 'z') || (c >= 'A'&& c <= 'Z')) {    // 判断是否为字母
      letterCount ++;
    } else if (c >= '0'&& c <= '9') {   // 判断是否为数字
      digitCount ++;
    } else {
      otherCount ++;   // 否则认为是其他字符
    }
  }
  System.out.println("字母数量:"+ letterCount);
  System.out.println("数字数量:"+ digitCount);
  System.out.println("其他字符数量:"+ otherCount);
  }
}
```

以上代码通过循环遍历字符串,利用 if 语句判断字符类型,并分别累加字母、数字和其他字符的数量,最后输出统计结果。

4.4　本章小结

数组是一种引用数据类型,具有引用数据类型的特点。在本章中,着重介绍了 Java 中一维数组、二维数组,分别从数组的概念、数组的定义、两种初始化方式、数组元素的访问四个方面展开了论数。另外,对同为引用类型的 String 类也做了详细的说明,包括字符串对象创建的方式,字符串类中各方法的调用与实现。

4.5　本章习题

一、选择题

1. 假设一个数组 arr 中有 n 个元素,那么最后一个元素的下标是多少?(　　)

A. n　　　　　　　B. n − 1　　　　　　　C. n + 1　　　　　　　D. n + 2

2. 下面哪种语句可以在一个数组 arr 中存储第 i 个元素?(　　)

A. arr[i]　　　　B. arr(i)　　　　　C. arr{i}　　　　　D. arr|i|

3. 定义一个长度为 5 的整型数组 arr,那么以下哪种方式可以给 arr 赋初值?(　　)

A. int[] arr = new int[]{1, 2, 3, 4, 5};

B. int[] arr = new int[1, 2, 3, 4, 5];

C. int arr[]={1, 2, 3, 4, 5};

D. int arr[5]={1, 2, 3, 4, 5};

4. 列哪种方法可以创建一个空的字符串?(　　)

A. new String();　B. String("");　　　C. "";　　　　　　D. "null";

5. 字符串 s 的长度为 6,那么以下哪个表达式能够计算出这个长度?(　　)

A. len(s)　　　　B. strlen s　　　　C. s.length()　　　　D. lengthof(s)

二、编程题

1. 从键盘读入一个字符串,将该字符串中的字符变为其前一个字符:如:zx11r@ -> aw11q@,再将转变后的字符串后输出。

2. 假设一个人每天的步数存在一个数组 steps 中,长度为 n。需要编写一个程序,统计该人走路的总步数,并输出其中最大的连续漫步步数(即不间断走的步数)。

例如,当 steps ={2000,3000,4500,1200,500,3000,6000}时,其总步数为 20400 步,其中最大的连续漫步步数为 4(即第三到第四天,共走了 5700 步)。

请编写 Java 代码实现上述功能。

提示:可以使用 for 循环遍历数组,同时定义变量来记录当前的累加和与最大值。

3. 假设一个市场上有 n 个摊位,每个摊位上都有不同种类的商品,存在一个二维数组 goods 中,其中 goods[i][j]表示第 i 个摊位上第 j 种商品的数量。

4. 现在需要编写一个程序来统计该市场上所有摊位上的商品总量,并输出其中数量最多的商品和其对应的数量。

例如,当 goods ={{10,20,30},{5,15,25},{8,12,16},{6,18,24}}时,其所有商品的数量总和为 204,其中数量最多的商品为第二种,共有 65 个。

请编写 Java 代码实现上述功能。提示:可以使用双重 for 循环遍历整个二维数组,同时定义变量来记录当前的累加和与最大值。

第5章

面向对象基础

面向对象语言的产生,是因为对于系统的理解或抽象到了更为高级的层次。此时认知思想不仅更接近于现实世界,其抽象程度也很高。面向对象程序设计(object oriented programming,OOP)语言中,将客观世界中的事物描述为对象,将系统看作是现实世界对象的集合,并通过抽象思维方法将需要解决的实际问题分解成人们容易理解的对象模型,然后通过这些对象模型来构建应用程序的功能。在面向对象程序设计语言中引入许多概念和机制,包括抽象、对象、消息、类、继承、多态性等。

 学习目标

(1) 理解面向对象的思想;
(2) 理解类与对象的概念,掌握类与对象的创建方法;
(3) 理解参数传递的意义,掌握参数传递的方法;
(4) 理解访问控制符的概念,掌握应用方法;
(5) 理解构造方法与重载方法的概念,掌握使用规则。

本章知识地图

访问控制符的使用 —— 访问控制符与包 —— 面向对象思想概述

包的创建与引用

类与对象 —— 类与对象概念理解

方法重载的应用 —— 方法的重载与构造方法 —— 面向对象基础 —— 类的定义 —— 成员变量

构造方法的定义与使用 成员方法

重载的构造方法

静态成员 —— 静态成员与实例成员 —— 参数传递 —— 值传递

实例成员 引用传递

5.1　面向对象概述

面向对象是一种常用的编程思想，通过将数据与操作封装在一个对象中，使得代码更加模块化、可复用、易维护。在面向对象编程中，一个对象包括属性和方法两个部分，属性用于记录对象的状态，而方法用于描述对象的行为。Java 语言是一种基于面向对象编程思想的程序设计语言，它提供了丰富的类库，开发者可以使用现成的类来实现自己的程序，也可以创建自己的类来完成特定的任务。

1. 面向对象的特点

（1）抽象

抽象是程序设计中最经常使用的技术之一，能有效控制程序的复杂性。在设计初始阶段，不关心具体细节，首先设计出抽象的算法，随后，抽象的算法逐步被具体的实现替换。

（2）封装

封装提供了一种有助于向用户隐藏他们所不需要的属性和行为的机制，而只将用户可直接使用的那些属性和行为展示出来。

例如，使用洗衣机的用户不需要了解洗衣机内部复杂的工作原理和细节，他们只需要知道诸如：开、关等基本操作就可以了。

（3）继承

面向对象编程中，允许通过继承原有类的某些特效或全部特性产生新的类。继承有助于用户概括出不同类中的共同属性和行为，并可由此派生出各个子类。

例如，老虎类是动物类的一个子类，该类仅包含老虎类所具有的特定属性和行为，其他的属性和行为，可以从动物类继承。这里就可以将动物类称为父类（或基类），把由动物类派生出的老虎类称为子类（或派生类）。

（4）多态

多态指的是对象在不同情况下具有不同表现的一种能力。例如，家里的一台洗衣机是洗衣机类的一个对象，根据模式设置的不同，它有不同的表现。若把它设置为快洗模式，则它会快速完成洗涤任务，若设置成烘干模式，它将会完成烘干任务。

多态性（polymorphism）有多种表现形式，这里所说的多态性是指类型适应性多态性，在Java 中，可以通过方法的重载和覆盖来实现多态性，简单的情况是在一个类中，给出多种不同的实现，复杂的情况是在多个子类中各自给出不同的实现。

2. 面向对象程序设计的优点

作为面向对象的程序设计语言，它具有明显的优点。

（1）重用性

在面向对象的程序设计过程中，创建类，这些类可以被其他的应用程序所重用，可以节省程序的开发时间和开发费用，也有利于程序的维护。

（2）可扩展性

面向对象的程序设计方法有利于应用系统的更新换代。当对一个应用系统进行某项修改或增加某项功能时，不需要完全丢弃旧的系统，只需对要修改的部分进行调整或增加功能即可。可扩展性是面向对象程序设计的主要优点之一。

（3）可维护性

系统的可维护性是衡量一个系统的可修复性和可改进性的难易程度。实践表明，面向对象程序设计有利于系统的后期维护，提高系统的可维护性。

3. 类与对象的概念

（1）对象的概念

世界是由什么组成的？答案是对象。

世间万事万物，不管是一棵树，一朵花，还是一辆汽车，一条狗，都是一个个具体的对象。在面向对象程序设计语言中，对客观世界的描述，与生活中的概念是一致的，在程序设计的角度来看，这样的对象在程序当中称为 Object。

在 Java 语言中，应该如何描述对象呢？

通过属性和行为进行描述。

属性——对象具有的各种特征，不同对象的属性值经常是不同的。

行为——对象所执行的操作。

【实例】 两名学生对象的描述。

有两名学生，这两名学生可以看成是两个具体的、独立的对象。在描述该对象时，首先描述他们的属性，第一个对象，她的属性包括：姓名，性别和年龄，且有对应的属性值，她的行为包括上课，考试和唱歌。

表 5-1 学生对象信息描述

学生 Lily	学生 Eric
属性 姓名:Lily 性别:女 年龄:18	属性 姓名:Eric 性别:男 年龄:17
行为(动态属性) 上课 考试 唱歌	行为(动态属性) 上课 考试 打球

第二个对象也有姓名、性别和年龄这些属性及属性值，同时对象二具有上课、考试和打球等行为，这是对象在面向对象编程语言中的描述。

（2）类的概念

类的概念是在对象的基础之上形成的，类是对某一类事物共性的描述。

如前述的两个学生对象。对象一是一名学生，对象二也是一名学生，他们具有共同的特征，如他们都有姓名，性别和年龄，这些共同的特征就是静态属性。在行为上，抽取出他们共同的行为，都要去考试，都要去上课，由此可以形成具有共性特征的学生类，如表 5-2 所示。

表 5-2　学生类信息

学生类
特征(静态属性) 姓名 性别 年龄
行为(动态属性) 上课 考试

由此可见,类是对某一类事物共性的描述,如果不是共性的属性或者行为,就不能把他抽取出来,如唱歌、打球这些是不能作为学生类的共性行为抽取出来的。

类的声明定义了类的所有对象的共有属性和方法。所以,类是对象的抽象,而对象,则是类的实例化,可以看成对象是以类为模板创建的实例,有了学生类,那么上述对象一或者对象二都可以看成以学生类为模板创建的对象,也可以称为学生类的实例,这就是类与对象的概念。

5.2　类与对象的创建与应用

【任务驱动】

1. 任务介绍

编程:定义一个 Student 类,包括属性:姓名,学号,语文成绩,数学成绩,英语成绩;求总分的方法 total(),求平均分方法 ave()。创建学生实例 s1,s2,并求解这两个学生的总分和平均分。

2. 任务目标

编写 Java Application,定义必要的类,在该类中定义成员变量,成员方法,再创建学生实例,完成程序对应的功能。

3. 实现思路

分析题目的含义,首先定义学生类 Student,在该类中定义成员变量,分别表示姓名,学号,语文成绩,数学成绩,英语成绩。定义求总分的方法 total(),求平均分方法 ave()。最后创建学生实例,完成程序对应的功能。

【知识讲解】

1. 定义类

对于上述已经抽取出的学生类,如何用 Java 语言来定义,或者说如何来声明类呢?

(1) 类的声明

首先来看,在 Java 中最一般的、最简化的、类的语法结构:

```
class 类名// 类头
{
    类体
}
```

其中关键字 class 引导一个类的声明,类名是一个标识符。

注意:类名的首字母一般要大写,而且类的名称要尽量见名思义,这是类头部分。

花括号部分是类体部分,其实类在书写形式上,类名下面加一对花括号,他的这种语法格式在一定程度上,已经体现出了面向对象程序设计的封装性,每一个类都是相对独立的封装的个体。关于封装性的其他体现,在后面的章节中还会陆续讲到。

如定义学生类,可以写成:

```
class Student
{

}
```

一般类体的内容分成两个部分,分别是成员变量、成员方法。

(2) 成员变量

成员变量,是对类的静态属性的定义,也称为静态属性(field),或者称为域变量,用于存储对象的属性,在定义成员变量时,可以不赋初值,也可以赋初值,这里首先介绍不赋值的情况。成员变量的类型,可以是基本数据类型,也可以是其他类的对象。

如学生类的中成员变量可以做如下定义:

```
String name;
char sex;
int age;
```

(3) 成员方法

成员方法(method)是对类的动态属性的定义,即行为的定义。方法用于描述对象的行为,它一般指具有相对独立和常用功能的模块,它是程序与外界交互的重要窗口。

方法的使用,有利于代码的复用。如在 Java 类库中的公共方法,编程过程中可以调用完成各种操作。

注意:类体中不能有独立的执行代码,因此所有的执行代码只能出现在方法中。

方法声明的一般形式如下:

```
返回值类型 方法名(类型 参数名,…, 类型 参数名)
{
    方法体
}
```

方法定义的一般形式,由方法名和方法体组成。其中"返回值类型"声明方法返回值的数据类型。如果方法无返回值,就用 void 关键字。方法可以没有参数,如果有多个参数,则用逗号分隔,参数类型可以是任何数据类型。

【实例】 定义方法。

```
int add (int a, int b)
// 有返回值的 add 方法,其中参数 a 和 b 为形式参数,将存储待加的两个加数
{
    int sum = a + b;
    return sum;
}
```

如上所见,这里的 add 方法符合"见名思义"的规则,通过方法名,可以知道该方法是用来计算加法的。

同时,该 add 方法有两个参数,int a 和 int b,在方法体当中,求出两个参数的和,并且返回所求的和,通过 return 返回。return 后面表达式是可以缺省的,如果是空的 return 语句,那就代表单纯的程序流程的改变,不带回任何值。

return 返回的 sum 是数据类型是整型,和 add 面所定义的类型 int 是一致的。

对于该加法方法,如果没有返回值,则需要在方法体内输出运算结果。

```
void add (int a, int b)   // 无返回值的 add 方法
{
    int sum = a + b;
    System.out.print(" sum is"+ sum);
}
```

【实例】 学生类 Student 的声明。

```
class Student
{
    String name;
    char sex;
    int age;
    void takeClass();
    void takeExam();
}
```

在该类 Student 中,定义了 3 个成员变量:name、sex 和 age 和 2 个方法:takeClass()和 takeExam()。

这里要注意方法的命名,一是见名思义,二是书写格式,为了增加程序的可读性,建议方法名首字母小写。如 takeExam()和 takeClass()这两个方法,就符合方法命名的两个特点。

(4) 具有方法体的学生类

【实例】 要求定义一个 Student 类,其中包括:姓名,学号,语文成绩,数学成绩,英语成绩。求解三门课总分的方法 total()。

现有如下代码,请问这样的书写正确吗?

```
class Student
{
    String name;
    String number;
    double Chinese,math,English,sum;
    sum = chinese + math + english;   // 此处有误
}
```

如上所述,类体中不能有独立的执行代码,所有的执行代码只能出现在方法中。即对成员变量的操作,只能放在方法中。因此需要对上述代码进行修改,如下所示。

```
class Student
{
    String name;
    String number;
    double Chinese,math,English,sum;
    void total()
    {
    sum = chinese + math + english;
    System.out.print("总分"+ sum);
    }
}
```

在该例中,方法为无返回值方法,直接在方法体中输出了总分。该例代码也可以按如下格式书写,总分以返回值的形式从方法体内带出。

```
class Student
{
    String name;
    String number;
    double Chinese,math,English,sum;
    double total()
    { sum = chinese + math + english;
    return sum;
    }
}
```

以上是关于类的创建,类一般包括成员变量、成员方法两个主要成分。以上创建的类并不能直接运行,这样的类在创建后,还需要创建对象,调用类中的方法,才能完成具体的操作。

2. 对象的创建与使用

类被声明后,就可以用来创建对象,被创建的对象称为类的实例。程序使用对象需依次经历 4 个步骤:声明对象、创建对象、使用对象和撤销对象。

（1）声明对象

由于类是一种引用类型,声明对象只是命名一个变量,这个变量能引用类的对象。由于

对象还没有创建,所以也暂不要为对象分配内存。声明对象的一般形式为:

```
类名　对象名;
```

例如,创建学生类的对象:

```
Student s1,s2;
```

这里的 Student 是前面声明的类,上述代码声明 s1,s2 两个学生类的对象。

(2) 创建对象

创建对象就是为对象分配内存,为对象分配内存也称为类的实例化。一般形式为:

```
new 构造方法([参数表])
```

其中参数在构造方法中用于给对象设置初值。如:

```
s1 = new Student();
s2 = new Student();
```

声明与创建对象可以合二为一。语法格式为:

```
类名 对象名 = new　构造方法();
```

具体代码如下:

```
Student s1 = new Student();
Student s2 = new Student();
```

这里的 new 可以看作为新建对象开辟内存空间的运算符。

对象是以类为模板创建的具体实例,占用的内存空间要比普通变量大得多。

(3) 使用对象

一般情况下,程序通过操作符"."对某对象的成员变量进行访问和方法调用。语法格式为:

```
对象名.成员变量
对象名.方法([参数表])
```

程序首先创建对象 s1 和 s2,然后使用 s1. name, s2. name 及 s1. total(),s2. total()进行访问。

(4) 撤销对象

这里指对象使用空间回收,当对象使用结束后,一般系统会自动进行垃圾回收。

【动手实践】

1. 完成任务驱动中的实践任务

根据要求定义一个 Student 类,创建两个学生实例,定义必要的属性和方法,创建两个学生实例,并求解这两个学生的总分和平均分。

```
class Student
{
   String name;
   double chinese,math,english;
   double total()
  { return chinese + math + english;   }
    void ave()
    {
   System.out.print("平均分为:"+ total()/3);
   }
}
public class TestStudent
{
public static void main(String[] args)
  {
     //以下代码创建学生对象 s1
     Student s1 = new Student();
     s1.name ="Lily";
     s1.chinese = 69;
     s1.english = 89;
     s1.math = 95;
     double d1 = s1.total();   //注意,这里不能写成 s1.total();
     System.out.print("总分为:"+ d1);
     s1.ave();

     //以下代码创建学生对象 s2
     Student s2 = new Student();
     s2.name ="Lily";
     s2.chinese = 87;
     s2.english = 78;
     s2.math = 89;
     double d2 = s1.total();
     System.out.print("总分:"+ d2);
     s2.ave();
  }
}
```

上述代码中包含主方法的主类 TestStudent,可以看成是一个特殊的类,将其中的主方法 main(),看成是特殊的成员方法,由系统进行调用,在该类中,遵循类的一般定义规则,即可以在类中定义其他成员变量、成员方法,且对成员变量的操作必须写在方法中,不能直接写在类中。

注意:在语句 double d1 = s1.total();中,因为 total()方法有返回值,因此 s1.total()相当

于是求解并返回的双精度数值。所以,在代码中,s1.total()的使用方法,等同于双精度变量。

2. 对象的存储问题

上述代码中创建的两个学生对象 s1 和 s2,彼此独立,互不相关。两个对象在内存中的存储情况如图 5-1 所示。因 s1 和 s2 为类类型的变量,即引用类型,所以 s1 和 s2 中存储的是两个对象的首地址。

对两个对象分别赋值后,各自分别存储。

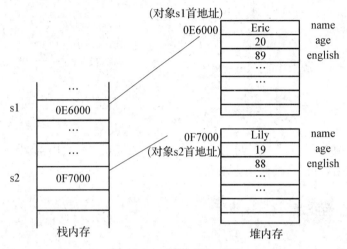

图 5-1 对象存储示意图

结论:两个学生对象 s1 和 s2 是以 Student 类为模板创建的,两个实例对象 s1 和 s2 结构类似,内容不同,彼此独立。

【拓展提升】

在同一个类中,方法之间可以互相调用,这样可以节省编程的时间,提高效率。

```java
class Student
{
  String name, number;
  double chinese,math,english;
  double total()
{ return chinese + math + english;   }
  void ave()
  {
System.out.print("平均:"+ total()/3);   //此处调用了 total()方法
  }
}
```

在上述代码中,在 ave()方法体中,调用了方法 total()。

Java 中同一个类中的方法之间可以互相调用,这被称为方法内调用或方法嵌套。在一个方法内部调用另外一个方法,可以将代码划分成小块,提高代码复用性。

源代码 5 - 2　MyClass.java

```
public class MyClass {
 public static void main(String[] args) {
  int sum = add(1, 2);
  System.out.println(sum); // 输出 3
 }
 public static int add(int x, int y) {
  int z = sub(x, y); // 调用 sub 方法
  return x + y + z;
 }
 public static int sub(int a, int b) {
  return a - b;
 }
}
```

在这个例子中,add 方法内部调用了 sub 方法。注意,在方法内部调用其他方法时不需要通过对象来调用,可以直接使用方法名。

5.3　参数传递

参数传递是指在调用方法或方法时,向其传递不同类型的数据或变量的过程。在 Java 中,参数传递分为值传递和引用传递两种方式。

值传递是指将实际参数的值复制一份赋给形式参数,在方法内部改变形式参数的值并不会影响实际参数的值。在 Java 中,基本数据类型(如 int、double)都采用值传递方式进行参数传递。

引用传递是指将实际参数的引用(即地址值)复制一份赋给形式参数,这样形式参数就可以直接访问实际参数所指向的对象或数组的成员。在 Java 中,引用类型(如数组、字符串、类对象等)均采用引用传递方式进行参数传递。

需要注意的是,在 Java 中使用引用传递对实际参数进行修改时,会直接影响实际参数所指向的对象或数组的内容。而且,传递的是引用值(也称为"地址"或"指针"),而非引用本身,因此不能通过改变引用来改变实际参数的地址。

综上所述,值传递与引用传递是 Java 中常用的参数传递方式,开发者需要针对不同场合选择恰当的传递方式。

【任务驱动】

1. 任务介绍

编程:定义方法 max(),用于求解三个数中的最大值,从命令行输入三个数,调用 max()方法,求解三个数中的最大值并输出。

2. 任务目标

编写 Java Application,定义必要的变量,采用本节所学的参数值传递来完成程序编写。

3. 实现思路

分析题目的含义,首先根据要求,定义好 max() 方法,并撰写方法体;其次从命令行输入三个数,调用 max() 方法,实现最大值的求解。

【知识讲解】

方法是程序与外部沟通的窗口,携带数据进行沟通,称为参数传递。

1. 方法声明中的形式参数和实际参数

(1) 形式参数

在方法声明中,方法名后"()"中说明的变量,被称之为形式参数,一般简称为形参,形参是当前方法中的局部变量,它的作用域仅限于当前方法。

和一般局部变量所不同的是,形参能自动接受方法传递过来的值(相当于赋值)。然后在方法的执行中起作用。例如,在 Student 类中,添加方法:

```
double add (doublet a,double b)
// 有返回值的 add 方法
{
    double sum = a + b;
    return sum;
}
```

当对象引用该方法时,该方法的形参 a 和 b,接受传递过来的数值,然后在方法体中进行计算。

(2) 实际参数

一般把方法引用中的参数,称为实际参数,简称为实参,实参可以是常量,变量、对象或表达式。例如:

```
Student s1 = new Student();
s1.add(60,89);
//注意,此处应先创建 Student 类的对象,再通过对象,调用 Student 类中的成员方法
```

方法引用的过程,本质上是将实参的数据传递给方法的形参,以这些数据为基础,执行方法体完成其功能。

大多数情况下,实参与形参按对应关系一一传递数据,因此在实参和形参的结合上,保持"三一致"的原则,即实参个数、类型、顺序必须与形参一致,具体如下。

① 实参与形参的个数一致;

② 实参与形参对应的数据类型一致;

③ 实参与形参对应顺序一致。

需要注意的是,在 Java 中可以使用"可变参数",可变参数的规则与普通参数不同。

2. 参数传递之值传递

一般情况下,如果引用语句中的实参是常量、简单数据类型的变量或可计值的基本数据类型的表达式,那么被引用的方法声明的形参一定是基本数据类型的。反之亦然。这种方式就是按值传递的方式。

对于基本类型参数的值传递,形式参数的改变不影响实际参数的值。

【实例】 数值交换。

源文件 5 - 3　**SwapDemo.java**

```java
public class SwapDemo {
  void swap(int a, int b) {
    int temp = a;
    a = b;
    b = temp;
  }
  public static void main(String[] args) {
    int x = 10, y = 20;
    Demo d = new Demo();
    d. swap(x, y) //在这里调用 swap 方法,尝试交换 x 和 y 的值
    System.out.println("x ="+ x +", y ="+ y);
  }
}
```

根据 Java 的参数值传递机制,基本数据类型(如 int、float 等)作为方法参数时,其实是将参数值复制了一份传递到方法内部,而非直接传递引用。因此,在 swap 方法内部修改 a 和 b 的值,并不会影响 main 方法中 x 和 y 的值。

在该程序中,在 main 方法中调用 d.swap(x,y);时,实际上只是把 x 和 y 的值 10 和 20 分别传递给 swap 方法的 a 和 b 形参。然后,在 swap 方法内部,交换了 a 和 b 的值,但由于仅是形参的交换,并不会对实际的 x 和 y 产生任何影响。最终,当 println 方法输出结果时,会看到原来的 x = 10,y = 20,表明方法调用并没有交换 main 中的两个变量。

解决这个问题可以使用其他的方案(如参数数组),来实现交换变量。

【动手实践】

完成任务驱动中的实践任务,用值传递求三个数中的最大值。在该例中,通过值传递的方式进行参数传递,当程序执行到 num = t.max(5,8,4);时,将在此处生成断点,调用方法 Test 类中的方法 max(),将数值 5、8、4 三个实际参数,传递给 max()方法的形参 x、y、z。具体代码如下。

源文件 5 - 4　**TestMax.java**

```java
class Test
{
 int max( int x, int y, int z)   //此处的 x,y,z 为形式参数
  { int temp = x;
    if(y > temp) temp = y;
    if(z > temp) temp = z;
    return temp;
  }
```

```
}
public class TestMax
{
 public static void main(String[] args)
 {
    int num;
    Test t = new Test();
    num = t.max (5, 8, 4);      //此处的 5,8,4 为实际参数
    System.out.println("max ="+ num);
 }
}
```

在 max()方法中,进行比较后,将最大值赋值给变量 temp,并通过 return 返回该值,这里执行 return temp;将返回到程序调用的断点处,即 num = t.max(5,8,4)语句处,将返回的值赋值给 num,继续执行该语句的后续语句,输出求解结果。

在值传递过程中,形参和实参在内存中的空间彼此独立,当 max()方法被调用时,系统将为形参及方法中的局部变量分配空间,如图 5-2 所示。在方法调用时,传递的参数是按值的拷贝传递。

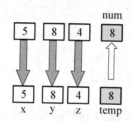

图 5-2 值传递示意图

在该例中,求解最大值的方法完全可以写在同一类中,为什么要分两个类写呢?实际上,这样的书写形式,非常有利于提高代码的复用性,在后续学习完修饰符后,可以将在 Test 类中写的 max()方法声明为 public,这样当需要求三个整数最大值的时候呢,能随时来调用 max 方法,而不用重复编写代码,也不受其他代码的影响。这就是方法的意义所在。

【拓展提升】

除了值传递外,还有一种特殊的传递方式,那就是引用传递。引用传递也可以称为地址传递。

引用传递指的是在方法调用时,传递的参数是按引用进行传递,实际传递的是引用的地址,也就是变量所对应的内存空间的地址。引用传递意味着两个变量指向的是同一个对象的引用地址。

【实例】 用引用传递,求若干数的最小值。

源文件 5-5　**TestLeastNumber.java**

```java
class LeastNumb {
 public void least( int[] array)
 {
  int temp = array[0];
  for (int i = 1;i < array.length;i ++)
  if (temp > array[i])
  temp = array[i];
  System.out.println("最小数:"+ temp);
 }
}
public class TestLeastNumber
{
 public static void main(String[] args)
 {
  int[] a ={8,3,7,88,9,23};
  LeastNumb minNumber = new LeastNumb ();
  minNumber. least(a);
 }
}
```

注意:

(1) 传递数组时,实参只需给出数组名即可。如本例中,minNumber. least(a)不能写成 minNumber. least(a[])。

(2) 因数组为引用类型,所以数组名中存放的是数组元素所在内存空间的首地址。在引用传递中,实际传送的是地址,这就是引用传递也可以成为地址传递的原因。如图 5-3 所示,实参 a 将其值,即数组元素的首地址传送给了形参 array,意味着数组 array 并没有重新开辟新的空间,而是指向了数组 a 的元素所在同一片区域,因此对数组 array 的操作,相当于是对数组 a 的操作。

(3) 在本例的方法 least 中,求解出 array 数组元素的最小值,也就是求解了 a 数组的最小值。

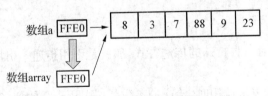

图 5-3　引用传递示意图

(4) 引用传递和值传递一样,在使用过程当中都需要考虑形参和实参的个数、数据类型和顺序一致的问题。两者的异同如图 5-4 所示。

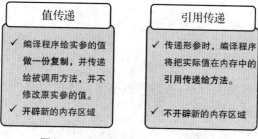

图 5-4　值传递与引用传递的区别

5.4　访问控制符与包

访问控制符和包都是 Java 中用于控制访问权限的机制。

访问控制符指的是在类、接口、类成员(如方法和属性)前使用的关键字,用于限制其他类对其访问的级别。Java 中有四种访问控制符,包括 public、protected、default 和 private。

包(package)是 Java 中一种组织代码的方式,用于将相关类和接口组织在一起,并且提供了命名空间的支持。同时,包还可以用于控制访问权限,Java 中常见的包有 java.lang、java.util、java.io 等等。

总的来说,Java 中通过访问控制符和包来控制不同类、类成员之间的访问权限,以便增强程序的安全性和可维护性。

【任务驱动】

1. 任务介绍

编程:请定义一个 BankAccount 类来管理银行用户的账户信息,类中包含如下私有成员变量(数据类型可按需求选择)。

账户号码(accountNumber)、账户余额(balance)。

并提供如下公共方法。

构造方法:初始化账户号码和余额。

存款方法(deposit()):利用输入的数值 amount 完成本次存款操作,并更新账户余额。

取款方法(withdraw()):利用输入的数值 amount 完成本次取款操作,并更新账户余额。若余额不足,则在控制台输出"Insufficient funds !"消息。

获取账户号码(getAccountNumber()):返回该账户的账户号码。

获取账户余额(getBalance()):返回该账户的余额数值。

2. 任务目标

编写 Java Application,定义必要的类,在该类中定义成员变量,成员方法,完成程序对应的功能。

3. 实现思路

分析题目的含义,首先根据要求,定义 BankAccount 类,在类中定义成员变量、成员方法,在该例中,涉及的"银行账户"和"余额"两个属性,为用户隐私信息,因此需要设置其访问控制符为 private。

【知识讲解】

1. 隐藏与封装的实现

在前面的案例中，创建类的对象后，即可直接访问类的成员变量和成员方法，这样的操作看似方便，却存在潜藏的风险。

如现有学生校园卡账户类 StuAccount，它的成员属性包括姓名、密码、卡内余额。

```java
class StuAccount
{
 String name;
 String password;
 double deposit;
 ……
}
```

按照已学知识，创建 StuAccount 类的对象，即可访问类的成员变量：

```java
class Test
{ public static void main(String[] args)
 { StuAccount m1 = new StuAccount();
  m1.name ="张三";
  m1.password ="dd2346";
  m1.deposit =- 100;
  ……
  }
}
```

这样的操作真的合适吗？ 显然不合适。

直接访问并修改密码，使得密码的安全性变低；将卡内余额设为−100，在语法上没有问题，但显然不符合显示情况。因此在 Java 程序中推荐将类、类中的成员进行适当地隐藏与封装。

封装、继承和多态是面向对象的三个特征之一。继承和多态将在后续章节讲解。封装指的是将对象的状态信息隐藏在对象的内部，不允许外部程序直接访问对象内部信息，而是通过该类所提供的方法来实现对内部信息的操作和访问。

封装的本质是将该隐藏的隐藏起来，该暴露的暴露出来。通过封装不仅可以隐藏类的实现细节、限制对成员变量的不合理访问，还可以进行数据检查，确保信息的完整性，同时有利于提高代码可维护性。

在 Java 中，通过访问权限可以实现类及类中成员的访问控制。在类的成员中引入权限控制，可以保护类的成员不在非期望的情况下被引用。

Java 语言中，各个不同的类，通常属于不同的包，因此在学习类的访问控制符之前，首先来学习 Java 中包及其使用。

2. Java 中的包

在 Java 中,包是一种松散的类的集合,它可以将各种类文件组织在一起,就像磁盘的目录(文件夹)一样。无论是 Java 中提供的标准类,还是自己编写的类文件都应包含在一个包内。包的管理机制提供了类的多层次命名空间避免了命名冲突问题,解决了类文件的组织问题。

(1) 包的创建

如上所述,每一个 Java 类文件都属于一个包。也许你会说,在此之前,创建示例程序时,并没有创建过包,程序不是也正常执行了吗?

事实上,如果在程序中没有指定包名,系统默认为是无名包。无名包中的类可以相互引用,但不能被其他包中的 Java 程序所引用。对于简单的程序,不使用包名也许没有影响,但对于一个复杂的应用程序,如果不使用包来管理类,程序的开发会十分混乱。

将自己编写的类按功能放入相应的包中,以便在其他的应用程序中引用它,这是对面向对象程序设计最基本的要求。可以使用 package 语句将编写的类放入一个指定的包中。package 语句的一般格式如下:

```
package 包名;
```

需要说明的是:

① 创建包的语句必须放在整个源程序第一条语句的位置(注解行和空行除外)。

② 包名应符合标识符的命名规则,习惯上,包名使用小写字母书写。可以使用多级结构的包名,如 Java 提供的类包:java.util、java.sql 等等。事实上,创建包就是在当前文件夹下创建一个以包名命名的子文件夹并存放类的字节码文件。如果使用多级结构的包名,就相当于以包名中的"."为文件夹分隔符,在当前的文件夹下创建多级结构的子文件夹并将类的字节码文件存放在最后的文件夹下。

例如,已创建了平面几何图形类 Triangle 和 Circle。现在要将它们的类文件代码放入 shape 包中,只需在 Triangle.java 和 Circle.java 三个源程序文件中的开头(作为第一个语句)各自添加一条如下的语句即可。

```
package shape;
```

注意:在一个源程序中,一个 package 语句只有一个。

(2) 引用包中的类

在前面的程序中,已经多次引用了系统提供的包中的类,比如,使用 java.util 包中的 Scanner 类,来实现从键盘输入数据。

一般来说,可以用以下两种方式引用包中的类。

① 方法一:使用 import 语句导入类,在前边的程序中,已经使用过,其应用的一般格式如下:

```
import java.util.Sanner;
import java.util.*;
```

② 方法二:在程序中直接引用类包中所需要的类。

例如,可以使用如下语句在程序中直接创建一个 Scanner 类对象。

```
java.util.Scanner sc1 = new java.util.Scanner();
```

在程序中 import 语句应放在 package 语句之后,如果没有 package 语句,则 import 语句应放在程序开始。

一个程序中只能有一条 package 语句,但可以含有多个 import 语句,即在一个类中,可以根据需要引用多个类包中的类。

3. 访问控制符

在 Java 中,通过访问权限可以实现类及类中成员的访问控制。在类的成员中引入权限控制,可以保护类的成员不在非期望的情况下被引用。

注意: 无论修饰符如何定义,一个类总能够访问和调用它自己的成员变量和成员方法。

Java 语言为其他类的方法访问本类成员变量和方法,提供以下 4 种访问权限。

public:表示该类或成员可以被任何其他类所访问。

protected:表示该成员可以被本包内的其他类以及继承该类的子类访问。

default:即不加修饰符,表示该成员可以被同一个包内的其他类所访问。

private:表示该成员只能被当前自身定义的类所访问。

(1) public

最宽松的访问控制级别。

① public 类

由 public 限定的类为公共类。公共类表明可以被所有的其他类访问和引用。

使用 public 限定符应注意以下几点:

• 一个 Java 源程序文件中可以定义多个类,但最多只能有一个被限定为公共类。

• 如果有公共类,则程序名必须与公共类同名。

• public 修饰类,表示该类整体可见、可使用,程序的其他部分(不管是否在同一个包中)均可创建该类的对象、访问这个类内部可见的成员变量和调用它的可见的方法。

• public 类的成员变量和成员方法,能否为所有其他类所访问,要看成员变量和成员方法自身的访问控制符。

② public 方法

方法是类对外的窗口,一般是公共的,Java 类库中的公共类和类中的公共方法。

③ public 成员变量(public 域)

类的成员变量被设置成 public 访问权限,则类外的任何方法都能访问它。这样会造成安全性和数据封装性下降,所以很少使用。

通常,只有为对象设定的功能性方法被设置 public 访问权限,让类外的方法可以通过对象调用这样的方法,让对象完成它的服务功能。

(2) private

private 一般用来修饰类中的成员,如成员变量、成员方法,甚至可以修饰成员类(见后续章节)。private 能为类中的成员提供最高保护级别,被 private 修饰的成员,只能被该类自身所访问和修改。

其中,private 修饰成员变量的情形最为常见。

① private 修饰成员变量

类的成员变量被设置 private 访问权限,则类外的任何方法都不能访问它。例如,定义了银行账号类 StuAccount，类中的成员如下。

```
class StuAccount
{
 String name;
 private String password;
 private double deposit;
 ......

}
```

在该类中，password 和 deposit 被设置为 private，则在该类之外，将无法直接访问 password 和 deposit。

现在同一包中定义类 Test，书写代码如下。

```
public class Test
{ public static void main(String[] args)
 {StuAccount m1 = new StuAccount();
  m1.name ="张三";      //正确,name 为默认包访问性,可以访问

  m1.password ="dd2346"//该语句错误,在 StuAccount 类外无权限访问 password
  m1.deposit = 100;       //该语句错误,在 StuAccount 类外无权限访问 deposit
 }
}
```

通过上述代码可见，使用 private 修饰 password 和 deposit，可以实现数据隐藏，体现面向对象的封装性，数据安全性能得到有效的保证。

在实际项目中，存在确实需要访问私有成员变量的情况，此时，可以在类中定义具有 public 访问权限的方法，通过这些方法访问私有成员变量，这些访问 private 成员变量的方法，一般可以称为访问器。访问器一般包括两种，一种是设置私有成员变量的值，另一种是访问私有成员变量的值。

对于学生账户类，可以创建 public 方法 setDeposit() 来设置私有成员变量 deposit 的值，通过方法 getDeposit() 获取私有成员变量的值。

```
class StuAccount
{
 String name;
 private String password;
 private double deposit;
 public void setDeposit (int num)
   { deposit = num;  }
 public int getDeposit()
   { return deposit; }
}
```

此时，在同一包中的类 Test 中，就可以借助 public 访问 StuAccount 类中的私有成员变量。

如下述代码,通过公共方法 setDeposit() 来设置私有成员变量 deposit 的值,通过公共方法 getDeposit() 获取私有成员变量的值。

```
public class Test
{
 public static void main(String[] args)
 {
    StuAccount m1 = new StuAccount();
    m1.name ="张三";
    m1.setDeposit(100);   // 通过调用公共方法,设置私有成员变量的值
    int s = m1.getDeposit();   // 通过调用公共方法,设置私有成员变量的值
    Sysetm.out.print("卡内余额为:"+ s)
 }
}
```

该代码中的 setDeposit() 方法和 getDeposit(),用于访问私有成员变量。在访问器方法命名时,没有明确的要求,一般符合 Java 标识符命名规则即可。为了增加程序的可读性,一般建议在命名时,参考该程序范例,采用 getXXX() 和 setXXX() 格式。

在该代码中,如果只提供 getDeposit() 方法,不提供 setDeposit() 方法,意味着对属性 deposit 实现了只读。

② private 修饰方法

类中的方法也可以使用 private,设置成私有,这种情况不太常见,通常设为私有的方法是类内部专用的方法,这样的方法需要类中更高访问权限的方法来调用执行。

(3) protected

protected 限定符只能用于成员变量、方法和内部类。

protected 是一种介于公有权限和私有权限之间的访问权限。

用 protected 声明的成员也被称为受保护的成员,它可以被其子类(包括本包的或其他包的)访问,也可以被本包内的其他类访问。

例如,在类 Test 的声明中,成员 a 被定义为 protected,则类 Test 的子类和与类 A 同一包中的别的类可以访问类 a;但对于不是类 Test 的子类或与类 Test 不在同一包中别的类来说,不可访问受保护成员 a。

通常同一包中的一些类与定义受保护成员的类有许多相关性,为了提高系统的效率,让这些相关类的方法可直接访问,这样的成员可考虑设置受保护访问权限。

有关 protected 修饰符的具体应用,在继承中将做详细阐述。

4. 默认包访问权限

如果省略了访问限定符,即不使用任何访问控制符,则系统默认为包访问权限。具有包访问性的成员,只能被所在包内的其他类访问,其他包中的类均不可以。

在同一源程序文件中的类,总是在同一包中,如果声明类 Test 的源文件中用 import 语句引入了另外一个包中的类 Student,并用类 Student 创建了一个对象 s,那么对象 s 将不能访问类 Test 中具有包访问性的权限。如果一个类被修饰为 public 的,那么可以在任何另外一个类中使用该类创建对象。如果一个类不加任何修饰,那么在另外一个类中使用这个类

创建对象时,要保证它们是在同一包中。

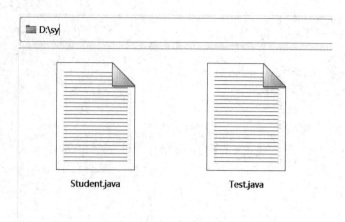

图 5 - 5　文件存储示意图

如图 5 - 5 所示,Test 类与 Student 类的源文件在同一个文件夹下,即同一个包中,所以在 Test 类中,可以直接使用 Student 类来创建学生对象。

综上所述,访问权限能说明访问的范围,表 5 - 3 所示是访问权限表,其中"√"表示可访问,"×"表示不可访问。

表 5 - 3　访问权限表

	同一个类	同包的其他类	不同包的子类	不同包的非子类
public	√	√	√	√
private	√	×	×	×
protected	√	√	√	×
<无修饰>(default)	√	√	×	×

【动手实践】

根据任务驱动中关于 BankAccount 类编写的要求,编写代码。首先定义一个 BankAccount 类,其中包含了两个私有成员变量 accountNumber 和 balance,用于存储账户号码和余额信息。同时,该类也提供了公共的 deposit()、withdraw()、getAccountNumber() 和 getBalance()方法,用于对账户进行存取款操作及获取账户信息。

源代码 5 - 6　TestAccount.java

```
class BankAccount {
  private String accountNumber; // 账户号码
  private double balance; // 账户余额
  // 构造方法:初始化账户号码和余额
  public BankAccount(String accountNumber, double balance) {
```

```java
    this.accountNumber = accountNumber;
    this.balance = balance;
}
// 存款并更新余额
public void deposit(double amount) {
    balance += amount;
}
// 取款并更新余额
public void withdraw(double amount) {
    if (amount <= balance) {
        balance -= amount;
    } else {
        System.out.println("Insufficient funds !");
    }
}
// 获取账户号码
public String getAccountNumber() {
    return accountNumber;
}
// 获取账户余额
public double getBalance() {
    return balance;
}
}
public class TestAccount{
    public static void main(String[] args) {
        BankAccount account = new BankAccount("1234567890", 3000.0);

        System.out.println("账号:"+ account.getAccountNumber());
        System.out.println("余额:"+ account.getBalance());

        account.deposit(500.0);
        System.out.println("存款后的余额:"+ account.getBalance());

        account.withdraw(2000.0);
        System.out.println("取款后的余额:"+ account.getBalance());
    }
}
```

由于 accountNumber 和 balance 都被声明为私有的,外部无法直接访问和修改它们的值。但是,在 deposit()、withdraw()、getAccountNumber()和 getBalance()方法中,可以使用这些私有成员变量,并对其进行操作和返回值。

这样,通过将 accountNumber 和 balance 成员变量保护起来,可以确保数据的安全性和封装性,防止外部非授权访问和篡改数据。同时,该类也提供了必要的公共方法,只能通过方法调用对其成员变量进行操作和访问。

【拓展提升】

SUN 公司在 JDK 中提供了各种实用类,通常被称为标准的 API(application programming interface),这些类按功能分别被放入了不同的包中,供大家开发程序使用。随着 JDK 版本的不断升级,标准类包的功能也越来越强大,使用也更为方便。

Java 提供的标准类都放在标准的包中,常用的一些包的说明如下。

（1）java.lang

包中存放了 Java 最基础的核心类,诸如 System、Math、String、Integer、Float 类等等。在程序中,这些类不需要使用 import 语句导入即可直接使用。例如前边程序中使用的输出语句 System.out.println()、常数 Math.PI、数学开方方法 Math.sqrt()、类型转换语句 Float.parseFloat()等等。

（2）java.awt

包中存放了构建图形化用户界面(GUI)的类。如 Frame、Button、TeGtField 等,使用它们可以构建出用户所希望的图形操作界面来。

（3）javaG.swing

包中提供了更加丰富的、精美的、功能强大的 GUI 组件,是 java.awt 功能的扩展,对应提供了如 JFrame、JButton、JTeGtField 等等。

（4）java.applet

包中提供了支持编写、运行 applet(小程序)所需要的一些类。

（5）java.util

包中提供了一些实用工具类,如定义系统特性、使用与日期日历相关的方法以及分析字符串等等。

（6）java.io

包中提供了数据流输入/输出操作的类。如建立磁盘文件、读写磁盘文件等等。

（7）java.sql

包中提供了支持使用标准 SQL 方式访问数据库功能的类。

（8）java.net

包中提供与网络通信相关的类。用于编写网络实用程序。

5.5　方法的重载

【任务驱动】

1. 任务介绍

编程:定义重载的方法 add,分别实现两个整数相加、两个实数相加、连接两个字符串的功能。

2. 任务目标

编写 Java Application,定义必要的变量,采用本节所学的方法重载的相关知识,来完成程序编写。

3. 实现思路

分析题目的含义,首先根据要求,定义重载的方法,这里可以定义三个名为 add 的方法,一个用于计算整数相加,一个用于实数的相加,另一个用于连接字符串。这三个方法的名称相同,但参数类型不同,最后在主方法中测试相应的方法功能。

【知识讲解】

1. 重载的概念

重载(overloading)指在一个类中定义了多个相同名字的方法,每个方法具有一组唯一的形式参数和代码,实现不同的功能。简单来说,重载的方法具有以下特征:

(1) 指多个方法带有不同的参数,参数个数不同、参数类型不同、参数的顺序不同。

(2) 使用相同的方法名,只需一个方法名,就能拥有多个不同的功能。

(3) 方法的重载与方法的返回值没有关系,即返回值类型不能用于区分方法,因为方法可以没有返回值。

(4) 方法的重载与修饰符没有关系。

那么,方法的名字一样,在对象引用时,系统如何确定引用的是哪一个方法呢?

在 Java 中,方法的名称、类型和形式参数等构成了方法的签名,系统根据方法的签名确定引用的是那个方法,因此方法的签名必须唯一。

在编写重载方法时,重载方法之间以所带参数的个数和相应参数的数据类型来区分。下述方法均为重载的方法。

```
int add(int x, int y) {… }
int add(int x, int y, int z) {… }
float add(float f1, float f2) {… }
float add(float f1, int y) {… }
float add(int y, float f1) {… }
```

注意:Java 中不允许参数个数或参数类型完全相同,而只有返回值类型不同的重载。

如下述两个方法不是重载的方法。

```
float add(int x, int y) {… }
int add(int u, int v) {… }
```

2. 重载方法的应用

在该例中,编写 setRec(double d,double h)设置矩形的尺寸, setRec(String str)设置矩形的颜色,两个方法参数不同,方法名完全相同,为重载方法,在调用时,使用不同的参数,即可调用相应的方法。

源文件 5 - 7　**TestRectangle.java**

```
class Rectangle
{
 private double height;
 private double width;
 private String color;
 public double setRec(double d,double h)
 { width = d;
   height = h;
   }
 public void setRec(String str)
 { color = str;   }
 double area()
 { return width * height;   }
 public void show()
 { System.out.println("颜色为:"+ color);   }
}
public class TestRectangle{
 public static void main(String[] args)   {
  Rectangle r1 = new Rectangle();
  r1.setRec("红色");
  r1.setRec(6,8);
  System.out.println("长方形的面积为="+ r1.area());
  System.out.println("颜色为="+ r1.show());
  r1.show();
 }
}
```

【动手实践】

在理解方法重载的概念之后,完成任务驱动中的任务要求,使用方法重载实现两个整数相加、两个实数相加、连接两个字符串的功能。

具体参考代码如下:

源文件 5 - 8　**TestAdd.java**

```
class Calculator {
   // 相加整数的方法
   public int add(int num1, int num2) {
      return num1 + num2;
   }
   // 相加实数的方法
```

```
  public double add(double num1, double num2) {
    return num1 + num2;
  }
  // 连接字符串的方法
  public String add(String str1, String str2) {
    return str1 + str2;
  }
}
public class TestAdd {
  public static void main(String[] args) {
    Calculator calculator = new Calculator(); // 创建计算类的实例
    // 调用计算重载的方法进行计算并打印结果
    System.out.println(calculator.add(5, 10));
    System.out.println(calculator.add(3.14, 2.71));
    System.out.println(calculator.add("Hello", "World"));
  }
}
```

这段代码展示了一个名为 Calculator 的类,它包含了三个方法重载的方法:一个用于相加两个整数,一个用于相加两个实数,另一个用于连接两个字符串。TestAdd 类是主类,它创建了 Calculator 类的实例,并使用这些重载的方法进行计算和打印结果。

在 TestAdd 的 main 方法中,首先创建了一个 Calculator 类的实例 calculator。然后使用 calculator 对象调用了三个 add 方法。具体来说,分别传入整数 5 和 10,实数 3.14 和 2.71,字符串"Hello"和"World"作为参数。add 方法会根据传入的参数类型自动选择对应的重载方法进行相应的计算。计算结果通过 System.out.println 方法打印输出。

这种方法重载的设计思路可以提高代码的复用性和灵活性。重载方法可以根据不同的参数类型,执行不同的操作,从而满足不同的需求。在这个例子中,根据不同的数据类型使用相同的方法名 add,直接调用即可,而不需要为每种数据类型编写独立的方法。这样可以减少代码的冗余,并提高代码的可维护性。

【拓展提升】

1. Java 类库中的重载方法

方法的重载是面向对象多态性的体现。在 Java 类库中,提供了诸多重载的方法,在编程中,要注意正确调用。如图 5 - 6 所示。

OVERVIEW MODULE PACKAGE CLASS USE TREE DEPRECATED INDEX HELP

SUMMARY: NESTED | FIELD | CONSTR | METHOD DETAIL: FIELD | CONSTR | METHOD

CharSequence	subSequence(int beginIndex, int endIndex)
String	substring(int beginIndex)
String	substring(int beginIndex, int endIndex)
char[]	toCharArray()
String	toLowerCase()
String	toLowerCase(Locale locale)
String	toString()
String	toUpperCase()
String	toUpperCase(Locale locale)

图5－6 String类部分重载方法截图

如在类String中，有substring(int beginIndex)和substring(int beginIndex, int endIndex)两个方法，这两个方法，都可以用来截取字串，执行类似却不同的功能，在调用的时候，系统将根据形参的参数个数，来确定使用哪一个substring方法。该图中的toLowerCase()和toLowerCase(Locale locale)也是重载的方法。

2. Java类库中重载的构造方法

在Java所提供的类中，也有诸多构造方法。如String类，在创建String类对象时，有很多构造方法可以选择。如图5－7所示，截取了String类的部分重载构造方法。

在调用时，选择不同的构造方法，就可以构造出不同的字符串对象。

Constructors

Constructor	Description
String()	Initializes a newly created String object so that it represents an empty character sequence.
String(byte[] bytes)	Constructs a new String by decoding the specified array of bytes using the platform's default charset.
String(byte[] ascii, int hibyte)	**Deprecated.** This method does not properly convert bytes into characters.
String(byte[] bytes, int offset, int length)	Constructs a new String by decoding the specified subarray of bytes using the platform's default charset.
String(byte[] ascii, int hibyte, int offset, int count)	**Deprecated.** This method does not properly convert bytes into characters.
String(byte[] bytes, int offset, int length, String charsetName)	Constructs a new String by decoding the specified subarray of bytes using the specified charset.
String(byte[] bytes, int offset, int length, Charset charset)	Constructs a new String by decoding the specified subarray of bytes using the specified charset.
String(byte[] bytes, String charsetName)	Constructs a new String by decoding the specified array of bytes using the specified charset.

图5－7 String类部分重载的构造方法截图

（1）String()构造一个空的字符串对象。

（2）String(char chars[])以字符数组 chars 的内容构造一个字符串对象。

（3）String(char chars[], int startIndeG, int numChars)以字符数组 chars 中从 startIndeG 位置开始的 numChars 个字符构造一个字符串对象。

（4）String(byte[] bytes)以字节数组 bytes 的内容构造一个字符串对象。

（5）String(byte[] bytes, int offset, int length)以字节数组 bytes 中从 offset 位置开始的 length 个字节构造一个字符串对象。

还有一些其他的构造方法，使用时可参考相关的手册。

5.6　构造方法

【任务驱动】

1. 任务介绍

编程：请定义学生类(Student)，要求在类中：

（1）定义两个私有属性，姓名(name)和年龄(age)，一个保护属性体重(weight)。

（2）定义带两个参数的构造方法，用来初始化 name 和 age，同时要求当年龄范围在 18—25 岁之间，超出范围时，提示出错信息。

（3）定义带三个参数的构造方法，用来初始化 name、age 和 weight，要求体重 > 0。

（4）创建 Stuedent 类的实例，分别用两个不同的构造方法初始化，测试程序功能。

2. 任务目标

编写 Java Application，定义必要的变量，采用本节所学的构造方法、重载的构造方法，来完成程序编写。

3. 实现思路

分析题目的含义，首先根据要求，定义好私有成员变量，根据要求创建重载的构造方法，并撰写方法体，实现相应的功能。

【知识讲解】

在前述课程的学习中，了解到类中包括成员变量、成员方法。在类中除了这些，还有特别的方法，即构造方法。

Java 中的构造方法是一种特殊的方法，用于在创建一个对象时进行初始化操作。构造方法与类名相同，没有返回值类型，且不能被显式调用。

1. 认识构造方法

构造方法用来构造类的对象。如果在类中没有构造方法，在创建对象时，系统使用默认的构造方法。

定义构造方法的一般格式如下：

```
[public]　类名([形式参数列表])
{
[方法体]
}
```

按照构造方法的定义格式，为 Rectangle 类添加构造方法。如下述代码。

```
class Rectangle
{private int length;
 private int width;
Rectangle( int l,  int w)
 {
  length = l;    width = w;
 }
int area()
  { return length * width;   }
void printArea()
  { System.out.print("area ="+ area());   }
}
```

将上述构造方法的格式和成员方法进行比较，可以看出构造方法是一个特殊的方法。应该严格按照构造方法的格式来编写构造方法，否则构造方法将不起作用。有关构造方法的格式强调如下：

（1）构造方法的名字就是类名。

（2）访问限定只能使用 public 或缺省。一般声明为 public，如果缺省，则只能在同一个包中创建该类的对象。

（3）在方法体中不能使用 return 语句返回一个值。

（4）没有返回值，也不能有 void。没有返回值不同于 void，构造方法的返回值就是该类本身。

（5）可带参数，可以完成赋值之外的其他操作，如检查参数合法性。

2. 构造方法的调用

构造方法不能由编程人员显式调用，而要用 new 关键字来调用，调用格式如下。

```
类名对象名 = new 构造方法([参数表]);
```

例如：

```
Rectangle r1 = new Rectangle(10,20);
Rectangle r2 = new Rectangle(4,5);
```

这里使用 Rectangle 构造方法创建了 r1 和 r2 两个矩形对象，并初始化矩形对象的尺寸为 10×20 和 4×5。

这里的代码也可以这样写：

```
Rectangle r1, r2;
r1 = new Rectangle(10,20);
r2 = new Rectangle(4,5);
```

　　同时创建两个 Rectangle 对象，分别调用 Rectangle 构造方法初始化出两个不同矩形。由此可见，构造方法的作用就是在对象被创建时初始化对象的成员。

　　完整调用代码如下：

```
class Rectangle
{
private int length;
private int width;
Rectangle(int l, int w)
{
length = l;   width = w;
}
int area()
{ return length * width;   }
void printArea()
{ System.out.print(" area ="+ area()); }
}
public class Test{
public static void main(String[] args)   {
     Rectangle r1 = new Rectangle(10, 20);
     Rectangle r2 = new Rectangle(4, 5);
     r1.printArea();
     r2.printArea();
  }
}
```

3. 构造方法重载

　　和普通方法一样，构造方法也可以重载，形式同普通方法重载类似，方法名相同、参数不同，注意构造方法的调用形式不同即可。

　　如为上述矩形定义重载的构造方法，代码如下。

```
class Rectangle
{ private int length;
  private int width;
  Rectangle(int l, int w)
  {
length = l;   width = w;
  }
  Rectangle
  {
length = 5;   width = 6;
  }
  ......
}
```

在上述代码中,Rectangle(int l, int w)与 Rectangle 为重载的构造方法,通过 new 关键字调用,在调用时,在调用时通过参数识别区分。

```
Rectangle r1 = new Rectangle(3,4);
Rectangle r2 = new Rectangle();
```

使用重载的构造方法,可以构造出不同的矩形对象。

【动手实践】

在学习完基础知识之后,来完成任务驱动中的学生类实例。学生类(Student),在类中:

(1) 定义两个私有属性,姓名(name)和年龄(age),一个保护属性体重(weight)。

(2) 定义带两个参数的构造方法,用来初始化 name 和 age,当年龄范围在 18-25 岁之间,超出范围时,提示出错信息。

(3) 定义带三个参数的构造方法,用来初始化 name、age 和 weight,要求体重 > 0。

具体源代码参考代码如下。

源文件 5 - 9　Student.java

```java
public class Student {
  private String name;
  private int age;
  protected double weight;
  // 带两个参数的构造方法
  public Student(String n, int a) {
    if (a >= 18 && a <= 25) {
      name = n;
      age = a;
    } else {
      System.out.println("Error: Age out of range !");
    }
  }
  // 带三个参数的构造方法
  public Student(String n, int a, double w) {
    this(n,a);
    if (w > 0) {
      weight = w;
    } else {
      System.out.println("Error: Invalid weight !");
    }
  }

  public String getName() {
    return name;
  }
}
```

```java
public int getAge() {
  return age;
}
public double getWeight() {
  return weight;
}
public void setWeight(double w) {
  if (w > 0) {
    weight = w;
  } else {
    System.out.println("Error: Invalid weight !");
  }
}
public static void main(String[] args) {
  Student s1 = new Student("张三", 20);
  s1.weight = 40;    //合法,但不建议使用
  Student s2 = new Student("李四", 19);
  s2.weight = 50;    //合法,但不建议使用
  Student s3 = new Student("王五", 20, 60);
  System.out.println("学生姓名\t 年龄\t 体重");
  System.out.println(s1.getName()+"\t"+ s1.getAge()+"\t"+ s1.getWeight());
  System.out.println(s2.getName()+"\t"+ s2.getAge()+"\t"+ s2.getWeight());
  System.out.println(s3.getName()+"\t"+ s3.getAge()+"\t"+ s3.getWeight());
}
}
```

上述代码中,定义了一个名为 Student 的类,该类包含私有的 name(姓名)、age(年龄)和受保护的 weight(体重)属性,该类还具有两个构造方法,分别带有 2 个参数和 3 个参数。它们用于创建一个带有给定姓名、年龄、体重的学生对象。其中,在第二个构造方法中,如果给定体重小于或等于 0,则会输出"Error:Invalid weight !"错误信息。

在主方法中,首先创建了三个学生对象,并使用三个不同的构造方法来初始化它们的属性。然后,通过调用每个对象的 get 方法,输出学生的姓名、年龄和体重。

在 main 方法中,为了对不同的构造方法进行测试,程序直接通过 s1. weight = 40;s2. weight = 50 进行赋值操作,虽符合语法,但违反了面向对象编程中封装的原则,不利于程序的健壮性和可维护性,一般不建议使用,建议使用 s1. setWeight()方法,具体实现可自行调试。

在正常情况下,推荐使用该程序中带三个参数构造方法,在方法中对成员变量进行赋值,在赋值的同时,可以对数值有效性进行初步的检查。

对于上述代码,可以使用不同的数值,进行对象初始化测试,如 Student s3 = new Student("王五",30,60)测试数值超出范围时,是否能正常初始化对象。

【拓展提升】

如果用户没有定义构造方法，系统会提供一个无参的构造方法。在本节之前，所有案例均未定义构造方法，在程序创建对象时自动调用默认构造方法。如下述代码未定义构造方法，系统会自动生成默认的构造方法。

```
class Rectangle
{
private int length;
private int width;
Rectangle( )
{   }  //该方法为系统提供的默认构造方法
int area()
{  return length * width;  }
void printArea()
{  System.out.print("area =" + area());  }
}
```

默认构造方法没有形参，没有任何语句，不完成任何操作。在创建 Rectangle 对象时，使用语句 Rectangle r1 = new Rectangle();这里的 new Rectangle()调用的就是系统默认的无参构造方法。

需要特别注意：一旦为某类定义了构造方法，系统就不再提供默认构造方法。

```
public class Hello
{
 Hello(int a)
  { System.out.println(a);  }
 public static void main(String[] args)
   {
        Hello h = new Hello();   //错误
    }
}
```

如上述代码 Hello h = new Hello()是错误的，因为已经定义了构造方法 Hello(int a)，所以系统不再提供默认的构造方法 Hello()。

要使上述代码正确，在类中手工增加无参构造方法 Hello()即可。

5.7　实例成员与类成员

在 Java 中，成员变量和成员方法可以分为实例成员和静态成员。

实例成员是在类实例化时被创建的，每个类实例都会拥有一份独立的内存空间。实例成员可以通过使用类的实例来访问。实例变量在每个类的实例之间是独立的，每个实例都有自己的一份副本。

静态成员是在类加载时被创建的。静态成员属于类本身，而不是类的实例。可以直接通过类名来访问静态成员，而不需要创建类的实例。静态成员包括静态变量和静态方法，它们在每个类的实例之间是共享的。

【任务驱动】

1. 任务介绍

在 5.6 节构造方法中，讲解了利用构造方法创建学生对象的过程。为该程序增加一项新的功能，如下。

编程：请定义学生类（Student），要求在类中：

（1）定义两个私有属性，姓名（name）和年龄（age），一个保护属性体重（weight）。

（2）定义带两个参数的构造方法，用来初始化 name 和 age，同时要求当年龄范围在 18—25 岁之间，超出范围时，提示出错信息。

（3）定义带三个参数的构造方法，用来初始化 name、age 和 weight，要求体重 > 0。

（4）创建 Student 类的实例，分别用两个不同的构造方法初始化，测试程序功能。

（5）统计创建的学生对象的个数，并输出。

2. 任务目标

编写 Java Application，定义必要的变量，采用本节所学的静态成员，来完成程序编写。

3. 实现思路

分析题目的含义，首先根据要求，要统计所创建的学生对象的个数，考虑这是唯一量，因此使用静态成员解决。

【知识讲解】

1. 实例成员

实例成员：属于对象，必须创建对象后才可调用的成员。

实例成员包括：实例变量和实例方法。

【实例】 创建 Circle，并利用类 Circle 创建出两个圆形对象，求解各自的面积。

编写代码如下：

```
class Circle
{
 double radius;
 double pi = 3.14;
 String color;
 Circle(double r, String c)
 {  radius = r;
    color = c;
    }
 void area()
 {  System.out.println("面积为:"+ pi * radius * radius);   }
 ……
}
```

在创建圆形类以后,可以利用 Circle 类创建两个圆形对象,分别为 r1、r2。在创建时,利用构造方法实现对象的初始化。

```
Circle c1 = new Circle(12,blue);
Circle c2 = new Circle(15,red);
c1.area();
c2.area();
```

实例成员属于对象,在创建对象后,各自占有对应的存储空间。在创建 c1 和 c2 对象后,这两个对象在内存中的存储如图 5−8 所示。

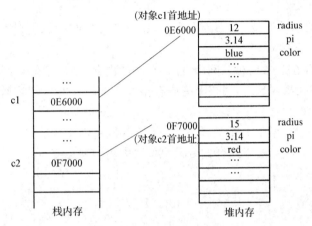

图 5−8 对象存储示意图

如图 5−8 所示,两个对象 c1 和 c2 所占的存储空间,彼此独立,互不相关。该例中的 area() 方法,在创建 Circle 类的对象后,方可调用,是实例方法。成员变量 radius、pi、color,为实例变量。实例方法和实例变量统称为实例成员。

上述代码中 pi 值,在类中定义成员变量时,赋予了初值。以类为模板创建对象后,意味着每个对象的 pi 值默认均为 3.14。

当然在代码中,可以通过各个对象直接访问 pi 属性,进行修改,如 c2.pi = 3.1415,修改后并不会影响 c1 中的 pi 值,具体如图 5−9 所示。

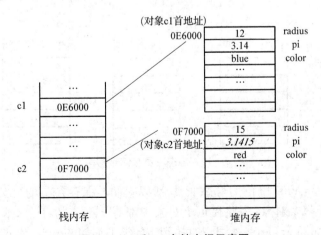

图 5−9 c1 和 c2 存储空间示意图

该例中只有两个对象,假设有多个对象,这些对象使用相同的 pi 值,可以只存储一份 pi 值,以节省内存空间吗? 答案是肯定的,通过静态成员就可以实现。

实例方法:只有在创建类的对象之后,实例方法才会获得入口地址,它只能被对象所引用。

2. 静态成员

静态成员指的是被 static 修饰的成员,它们属于类,因此也称为类成员。静态成员和实例成员的根本区别在于:无须创建对象即可直接访问。

静态成员包括:静态变量和静态方法。

(1) 静态变量

用 static 修饰的成员变量,成为静态变量,也称为类变量。这样的类变量,不属于任何一个类的具体对象。

静态变量不保存在对象内存区间中,保存在类的内存区域,是公共存储单元。使用静态变量的好处:在创建大量对象时,可以节省内存空间。如每个对象都需要使用 pi 时,就可以将 pi 定义为静态变量。

对于上述 Circle 类,增加一个变量 num,用于统计所创建的圆形对象的个数,因为在每个对象创建时都需要计数,所以这样的变量也可以声明为静态变量。

核心代码如下:

```
class Circle
{ static int num = 0;
  static double pi = 3.14;
  double radius;
  ......
}
```

在上述成员变量定义时,将 num 和 pi 声明为 static,即静态变量。

```
Circle c1 = new Circle();
Circle c2 = new Circle();
```

若创建 Circle 类的对象 c1 和 c2,Circle 类和 c1、c2 对象的存储空间,如图 5 - 10 所示。

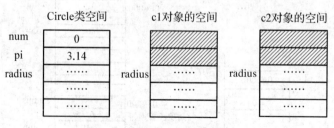

图 5 - 10 静态成员存储示意图

如图 5 - 10 所示,num 和 pi 为静态变量,所以它们被保存在类的公共存储单元;radius 为实例变量,它属于每个对象,因此在每个对象中都有 radius 的存储空间。从图中可以看出,静态变量使用后,每个 Circle 类可以直接到访问类中存储的 num 和 pi,而不需要再行存储,这样可以大大节约存储空间。

除了存储空间的区别,在访问形式上,静态变量和实例变量也不一样。

区别于实例变量单一的访问格式,静态变量的访问格式,包括两种:

```
类名.静态变量名
对象名.静态变量名
```

在使用的时候,为了区别于实例变量,建议使用"类名.变量名"的形式访问静态变量。

如该图例中的 num,访问形式有如下两种:

```
Circle.num(推荐)
c1.num,c2.num
```

(2) 静态方法

静态方法,指以 static 修饰符说明的方法。同静态变量一样,静态方法属于整个类,当类被加载到内存之后,类方法就获得了相应的入口地址,该地址在类中是共享的,不仅可以直接通过类名引用它,也可以通过创建类的对象引用它。即内存中的代码段将随着类的定义而分配和装载,它不被任何一个对象专有。

因此,静态方法也可以称为类方法。

类方法除了可以通过实例对象调用之外,还可以通过类名调用。其引用的一般格式为:

```
类名.静态方法名(推荐)
对象名.静态方法名
```

在使用的时候,为了区别于实例方法,建议使用"类名.方法名"的形式访问静态方法。

```
class Cylinder
{
 private static int num = 0;
 private static double pi = 3.14;
 private double r,h;
 ......
 public static void count()
 {
  System.out.println("创建了"+ num +"个对象");
 }
 ......
}
```

在该例中,对于静态方法 count,其访问形式为:

```
Circle.count(); //推荐
c1.count();c2.count();
```

特别注意,尽管可以使用 c1 和 c2 这两个对象访问 count()方法,如 c1.count();c2.count();但该方法仍然只有一份,且属于类。

【动手实践】

在学习完基础知识之后，来完成任务驱动中的学生类实例。在 5.6 节的动手实践代码中，增加静态变量、静态方法，用以统计所创建的学生对象的个数。具体参考代码如下。

源代码 5 - 10　StaticStudent.java

```java
public class StaticStudent {
  private String name;
  private int age;
  protected float weight;
  private static int count = 0;

  public Student(String name, int age) {
    if (age < 18 || age > 25) {
      System.out.print("年龄超出范围");
    }
    this.name = name;
    this.age = age;
    count ++;
  }

  public Student(String name, int age, float weight) {
    if (weight <= 0) {
      System.out.print("体重必须大于 0");
    }
    this.name = name;
    this.age = age;
    this.weight = weight;
    count ++;
  }

  public static int getCount( ) {
    return count;
  }

  public void display() {
    System.out.println("姓名:"+ name);
    System.out.println("年龄:"+ age);
    System.out.println("体重:"+ weight);
  }
}
```

然后继续在该类中，书写 main 方法，并在 main 方法中创建对象实例并初始化。

```
public static void main(String[] args) {
    Student student1 = new Student("张三", 20);
    student1.display();

    Student student2 = new Student("李四", 22, 60.5f);
    student2.display();

    System.out.println("学生个数:"+ Student.getCount());
}
```

在上述代码中，类 Student 有一个静态变量 count 和一个静态方法 getCount()。静态变量是指被所有对象所共享的变量，不属于任何特定的实例，而是属于整个类。静态方法是指不依赖于类的任何实例而存在的方法。

在代码中，静态变量 count 用于统计创建的 Student 对象的数量。每次创建一个 Student 对象，count 会自增 1。静态方法 getCount() 用于返回 count 的值。

在 main 方法中，首先创建了两个 Student 对象：student1 和 student2，并调用它们的 display() 方法打印学生的信息。然后，调用了静态方法 getCount()，并将结果打印出来，以显示当前创建的学生对象的总数。

需要注意的是，静态方法只能直接调用静态变量和其他静态方法，而不能直接调用非静态变量和非静态方法。可以使用类名加点操作符来调用静态变量和静态方法，如 Student.getCount()。而非静态方法可以直接调用静态变量和静态方法，也可以通过实例对象来调用。

静态变量和静态方法的主要作用是用于实现与类相关的全局操作和状态跟踪。在上述代码中，通过静态变量 count 和静态方法 getCount() 可以方便地统计学生对象的数量，并且可以在类的任何地方使用。

【拓展提升】

1. 类库中 static 属性和 static 方法

在 Java 类库中，有很多类都包含了静态的方法和静态变量，在 3.2 节的拓展提升中使用到的 Math 类。其中的 Fields(域，即成员变量)，为 static 类型，所以在编程中，如果需要使用到 PI 值，直接使用"类名.静态变量"的格式访问即可。如：

```
double area = Math.PI * r * r;
```

Math 类中的方法均为静态方法，想要使用方法完成相应的操作，直接使用"类名.静态方法"的格式访问即可，使用十分方便。

Math 类中的静态变量和静态方法如图 5-11 所示。

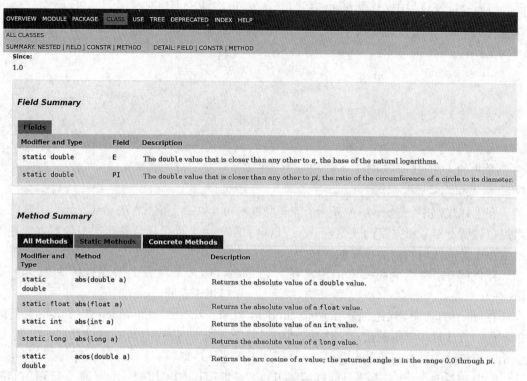

图 5 - 11 Math 类的静态变量和静态方法截图

```
double area = Math.PI * r * r;
double d = Math.abs(num);
```

2. static 的补充规则

（1）类成员不能访问实例成员

类成员属于类，如，在类方法中，只能访问类中其他静态的成员，包括静态变量静态方法，而不能直接访问类中的非静态成员。原因在于：对于实例成员，需要创建类的对象后才能使用，而类方法不需要创建任何对象即可使用。

```java
class Cylinder
{
private static int num = 0;
private static double pi = 3.14;
private double r, h;
......
public static void count()
{
System.out.println("创建了" + num + "个对象");
}
......

}
```

在该代码中,在 count()方法为静态方法,不可以访问 r,h,但可以访问静态成员变量 num 和 pi。

在下述代码中,类 StaticError 中包含了成员变量和主方法,其中成员变量为实例变量, 而主方法是一个特殊的静态方法。

```
class StaticError
{   String myString ="hello";
    public static void main(String args[])
    { System.out.println(mystring); }
}
```

运行后,出现如下错误信息:

```
can't make a static reference to nonstatic variable.
```

原因:静态方法只能访问 static 成员变量或 static 方法,即静态成员不能访问实例成员,main 方法前有 static 修饰符,也需要遵守此规则。

修改:将 myString 改为类变量。

```
static String myString ="hello";
```

另外,还需要注意的是 main 方法是特殊的静态方法,不由编程人员直接调用,而是 JVM(Java 虚拟机)在类外调用,因此 main 方法的访问权限必须是 public。

由于 JVM 需要在类外调用 main 方法,而且 JVM 运行在系统开始执行一个程序前,并没有创建 main 方法所在的类的实例,所以只能通过类名来调用 main 方法作为程序的入口,因而 main 方法必须是 static。

(2) 编程中 static 应用

在实际编程中,哪些变量需要定义为静态的呢? 哪些定义为实例变量呢?

一般来说,具有唯一性的变量,独立于任何具体的实例,如 pi,论坛在线人数,考试及格人数,点赞人数等变量,可以使用 static 修饰符,定义为类变量。

而依托对象,强调个体性的变量为实例变量,如每个 Student 对象有各自的属性(实例变量),姓名,年龄,考试成绩等,都应定义为实例成员,即不使用 static 修饰符。

因此,在实际编程中,应根据编程需求,恰当地定义变量。

5.8　本章小结

面向对象是一种非常重要的编程思想,它能够帮助开发者更好地组织代码、提高代码的复用性和可维护性、降低开发成本等。本章围绕"面向对象",讲解了有关面向对象的知识,包括面向对象程序设计中类与对象的创建、方法调用中的参数传递、访问控制符的使用、包的创建与引用,以及方法的重载与构造方法的使用。

(1) 在面向对象编程中,类是描述对象的模板,对象是根据类创建的实例。类定义了对象的属性和行为,属性是对象的特征。

(2) 参数传递是指在调用方法时,将信息传递给方法。这些信息可以是值、对象或其他数据类型。在 Java 中,参数传递有两种方式:值传递和引用传递。在值传递中,实参的值被复制到方法的形参中,对形参的修改不会影响实参的值。在引用传递中,实际参数的引用(内存地址)被传递给方法的形参,在方法中对形参的修改会影响实参的值。

(3) 访问控制符用于控制类、类的成员(属性和方法)以及构造方法的访问范围。而包则是用来组织和管理相关类和接口的一种机制。访问控制符包括四种:public、private、protected 和默认访问控制符(即没有修饰符)。包的声明放在文件的开头,使用 package 关键字。

(4) 方法的重载指在一个类中定义多个同名方法,但它们的参数列表不同。Java 中,方法的重载通过参数列表的不同来实现。

(5) 构造方法是一种特殊的方法,用于创建并初始化对象。它的名称与类名相同,没有返回类型,并且在创建对象时自动被调用。构造方法在对象创建时执行,用于为对象的实例变量赋予初始值,以确保对象的正确创建和初始化。

(6) 实例成员是指属于类的每个对象实例的成员。每个对象实例都有自己的一份实例成员数据,不同的实例相互独立。实例成员包括实例变量和实例方法。在使用实例成员时,需要先创建对象实例,然后通过对象实例调用实例成员。

类成员是指属于类本身的成员,而不是属于具体的对象实例。类成员在所有的对象实例间共享。常见的类成员包括类字段和类方法,也可以成为静态变量或静态方法。

5.9　本章习题

1. 编写程序,根据本章所学知识,试着设计 Rectangle 类。添加成员变量 width、height,添加成员方法 getLength() 求周长,getArea() 求面积。

2. 以任务一中所创建的 Rectangle 类为基础。创建两个 Rectangle 类的实例 rect1(10,20) 和 rect2(30,40),求解并输出 rect1 和 rect2 的周长和面积。

3. 创建一个 Rectangle 类,在类中:

(1) 定义双精度成员变量 width、height 表示长、宽;

(2) 定义一个方法 setRectangle(int w, int h) 对长、宽进行初始化,要求长,宽 > 0,否则输出错误提示;

(3) 定义一个方法 getArea() 求长方形的面积。

创建主类,在主方法中,创建一个矩形对象 rect,通过 setRectangle(int w, int h) 初始化该矩形对象的长、宽为 5、6,求此时长方形的面积并输出。

4. 编程:创建一个类,为该类定义两个构造方法,要求如下。

(1) 传递两个整数并找出其中较大的一个值;

(2) 传递三个实数并求其乘积;

(3) 在 main 方法中测试构造方法的调用。

5. 编程:创建一个 TestStatic 类,在类中定义一个静态方法 least() 求若干数的最小值。假设现有一维数组 a,值为 {8,3,7,88,9,23},调用静态方法,求解数组中的最小值并输出。

第6章

继承与抽象类

继承(inheritance)和抽象类(abstract class)是Java面向对象编程中两个重要的概念。使用它们组织程序结构,充分利用已有的类来完成复杂的任务,减少了代码冗余和出错的概率。

继承是指一个类可以继承另一个类的属性和方法,并可以在此基础上添加新的功能。继承可以有效地减少重复代码,提高代码的可维护性和可扩展性。抽象类是一种不能够被实例化的类,它用来描述一类事物的通用特征。继承和抽象类之间有着紧密的联系,因为抽象类常常用于定义通用的行为规范,而子类则通过继承抽象类并实现其中的抽象方法来定义具体的细节。通过这种方式,Java可以使用多态机制来实现不同类型对象之间的灵活组合和互换。

 学习目标

(1) 理解继承的思想;
(2) 掌握继承的使用;
(3) 理解抽象类的意义,掌握抽象类的定义与使用;
(4) 了解内部类和匿名类的实现方法及特点。

 本章知识地图

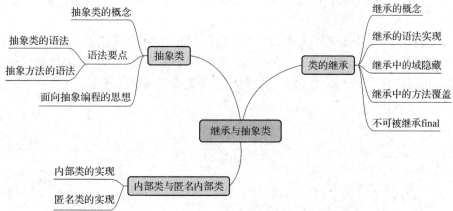

6.1 类的继承

面向对象的重要特点之一就是继承。类的继承能够在已有类的基础上构造新的类，新类除了具有被继承类的属性和方法外，还可以根据需要添加新的属性和方法。继承有利于代码的复用，通过继承可以更有效地提高代码编写的效率。

【任务驱动】

1. 任务介绍

编程：设计一个名为 Product 的商品基类，其中包含两个私有属性 name 和 price，以及两个公共方法 getName()和 getPrice()，用于返回商品的名称和价格信息。

设计一个名为 TV 的电视机类，它继承自 Product 基类，并添加一个新的私有属性 size 和一个公共方法 getSize()，用于返回电视的尺寸信息。

在 main 方法中创建一个 TV 对象并调用其继承自基类 Product 的 getName()和 getPrice()方法、调用自己的 getSize()方法，并输出这些信息的结果。

2. 任务目标

理解如何使用继承来获得父类的属性和方法，掌握使用子类来扩展父类的方法。

3. 实现思路

分析题目的含义，定义父类 Product，利用类继承的能力，在子类（派生类）TV 中扩展父类（基类），然后通过创建子类对象并调用其方法，来访问基类和派生类中的属性和方法，从而完成对商品和电视机属性的统一管理和扩展。

【知识讲解】

1. 类的继承

（1）继承的概念

什么是继承？继承是两个类之间的一种关系。被继承的类是父类，子类自动含有父类具有的属性和方法。

继承具有传递性。例如，人按职业可分为学生、医生、教师、工人等。学生类、医生类、教师类、工人类都是 Person 类的子类。Person 类是学生类、医生类、教师类、工人类等父类。

作为父类，Person 类定义了人类的共同特性，子类继承了父类的共有属性和行为，同时可增加某些属性和行为。如图 6-1 所示，通过继承，子类具有了从父类那里继承过来的特性，同时还具有自身的个性部分，因此，可以认为，子类是父类的特殊化。

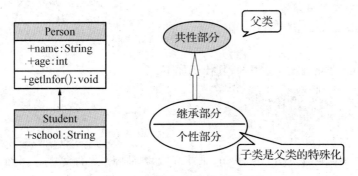

图 6-1　子类与父类关系示意图

作为面向对象的三个特点之一,继承是面向对象语言的重要机制。继承的最大优势是基于现有类构建新类,在父类基础上,建立子类,扩展原有的代码,应用到其他程序中,而不必重新编写这些代码,提高代码的利用率。

（2）Java 中继承的特点

Java 中的继承,一个类可以有多个子类,任何一个类都只有一个单一的父类。Java 语言只支持单重继承,单重继承的优势:安全、可靠性。

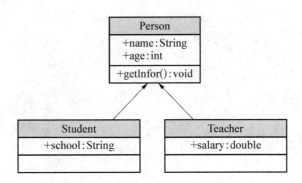

图 6-2　类之间的关系示意图

如图 6-2 所示,在创建 Person 类之后,可以创建 Student、Teacher 等多个子类。从某种角度来看,继承可以形成一颗倒挂的类树。

2. 父类与子类的创建

在 Java 语言中,继承是通过扩展原有的类,声明新类来实现的。根据 Java 的语法规范,继承后子类可以拥有父类的所有属性和方法,也可以扩展定义自己特有的属性,增加新方法和重新定义父类的方法。

（1）继承的语法

因 Java 语言不支持多重继承,限定一个类只能有一个父类。因此在子类声明中加入 extends 子句来指定父类时,只能写一个父类名。其语法格式如下:

```
[修饰符]class 类名［extends 父类名 ]
{
```

```
[修饰符] 数据类型 变量名;
[修饰符] 返回值类型 方法名(参数表){……}
}
```

例如,Student 类和 Person 类的,其代码如下。

```
class Student extends Person {
    //…
}
```

类声明时,如果缺省 extends 子句,未指定父类,则该类的父类是系统声明的类 java. lang.Object。

(2) 使用继承过来的成员

子类继承其父类中的非 private 成员变量,作为自己的成员变量,继承父类中非 private 方法,作为自己的方法。子类使用继承过来的成员,语法格式为:

```
子类对象.父类成员名
```

如定义 Person 类,再定义 Student 类继承 Person 类。在子类 Student 中就可以使用继承过来的成员。参考代码如下。

源文件 6-1 Test.java

```
class Person
{ String name;
  int age;
  public void getInfo()
  {
   System.out.println("我的年龄:"+ age );
  }
}
class Student extends Person
{ String school;
}
public class TestStu
{ public static void main(String[] args)
  { Student s1 = new Student();
    s1.name ="张一";
    s1.age = 19;
    s1.getInfo();
    s1.school ="阳光小学";
  }
}
```

在该代码中,Student 类继承了 Person 类,尽管在 Student 类中只定义了一个成员变量 school,但是因为继承关系的存在,Student 类隐含具有了父类所具有的属性和行为,使之成为自身类的一个部分。

因此,Student 类中的实际成员变量包括:name、age、school,其中 name、age 是从父类继承而来;Student 类中的方法 getInfor()也来自对父类的继承。如图 6－3 所示。

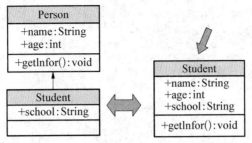

图 6－3　Person 类与 Student 类示意图

在子类中,利用父类中定义的方法和变量,就像它们属于子类本身一样。

```
Student s1 = new Student();
s1.name ="张一";
s1.age = 19;
s1.getInfo();
s1.school ="阳光小学";
```

该代码中,s1.name,s1.age 使用了从对父类中继承过来的成员变量,s1.getInfo(),使用了从父类中继承而来的成员方法。

(3) 继承中的默认父类问题

在 Java 中,所有类的根类是 Object 类,Java 中所有的类都直接或间接地继承自 java.lang.Object。特别注意,对于没有 extends 子句的类,默认为 java.lang.Object 的子类,因此 Java 中的所有类,可以组成一棵倒挂的树。

Object 类如图 6－4 所示。该类定义对象最基本的状态和行为,所有类都是它的子类,所有类都可以调用它的方法。

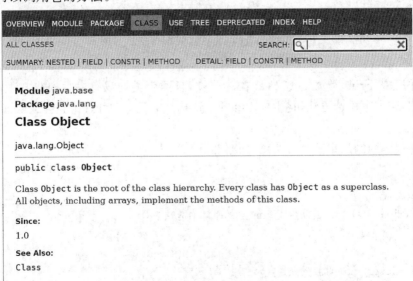

图 6－4　Object 类截图

如果 Person 类没有声明父类，那么它默认的父类为 java.lang.Object，系统自动为其添加父类。

```
class Person extends java.lang.Object   //默认父类
{  String name;
   int age;
   public void getInfo()
   {
     System.out.println("我的年龄:"+ age );
   }
}
```

3. 继承中的构造方法

【实例】 Fruit 类与 Pear 类。定义子类 Pear 继承类 Fruit，创建子类对象 P，重量 40 克，并输出它的重量信息。按照要求，书写代码如下。

源代码 6-2　Pear.java

```
class Fruit
{  double weight;
   public void info()
   {
   System.out.println("我的重量"+ weight +"g!");
   }
}
public class Pear extends Fruit{
 public static void main(String[] args)
   {  Pear p = new Pear();
      p.weight = 40;
      p.info();
   }
}
```

在该程序中，Fruit 类为父类，Pear 类为子类，且两个类均没有书写构造方法，按照构造方法的规则，未书写构造方法，将生成无参的默认构造方法。且 Fruit 类会默认继承自 java.lang.Object。

如下述代码中的加粗部分。注意，加粗部分为默认生成，无须手动书写。

```
class Fruit extends java.lang.Object
{  double weight;
     public Fruit() {}   // 自动生成 Fruit 类的默认构造方法 ①
   public void info()
   {
   System.out.println("我的重量"+ weight +"g!");
   }
```

```
}
public class Pear extends Fruit{
    public Pear() {}    // 自动生成 Pear 类的默认构造方法 ②
  public static void main(String[] args)
  {  Pear p = new Pear();
     p.weight = 40;
     p.info();
  }
}
```

（1）在子类中，Pear 类继承了父类 Fruit 类的 weight 属性和 info()方法。因此在子类中，可以通过子类对象 p 访问继承而来的成员。即 p.weight = 40；p.info()。

（2）在执行子类的构造方法之前，会先调用父类中没有参数的构造方法，帮助继承自父类的成员做初始化操作。

在本例中，执行 Pear p = new Pear()语句时，本应执行子类默认的构造方法，即句②public Pear() {}，但因为 Pear 类不是独立的类，而是由 Fruit 类继承而来，因此在执行 Pear类的构造方法之前，会首先调用父类 Fruit 类中默认的、无参的构造方法，帮助继承自父类的成员 p 做初始化。因此会先执行句① public Fruit() {}，完成后，再执行子类的构造方法，即句②。

【动手实践】

继承是面向对象编程极为重要的特征之一，它可以使代码更加紧凑、易于维护，并且将代码的复用最大化。使用继承完成任务驱动中的案例，代码如下。

源代码 6 - 3　TestTV.java

```
class Product {
private String name; // 商品名称
private int price;   // 商品价格
public Product(String name, int price) {
  this.name = name;
  this.price = price;
}
// 获取商品名称
public String getName() {
  return name;
}
// 获取商品价格
public int getPrice() {
  return price;
}
```

```
}
public class TV extends Product {
    private int size; // 电视尺寸
    public TV(String name, int price, int size) {
    super(name, price);
    this.size = size;
    }
    // 获取电视尺寸
    public int getSize() {
     return size;
     }
    //在 main 方法中使用派生类 TV 对象调用基类 Product 的方法
    public static void main(String[] args) {
        TV myTV = new TV("小米电视", 2699, 55);
        System.out.println(myTV.getName());
        System.out.println(myTV.getPrice());
        System.out.println(myTV.getSize());
        }
}
```

在上述 Java 代码中,定义了一个父类 Product,它包含了两个属性 name 和 price,以及两个方法 getName()和 getPrice()。然后定义了一个子类 TV,继承了父类 Product,它包含一个新的属性 size 以及一个新的方法 getSize()。

在 main 方法中,创建了一个 TV 对象 myTV,并通过调用其继承自基类 Product 的方法 getName()和 getPrice()来获取商品名称和价格。另外,还通过子类 TV 自己的方法 getSize()获取电视尺寸信息。

【拓展提升】

1. 继承中的 protected 修饰符

protected 修饰符一般用来修饰类的成员,包括类的成员变量和成员方法。如果类的成员被声明为 protected,那么它所属的类、在其他包中的该类的子类、和它的同一个包内的类,都可以访问该类的 protected 成员。

源文件 6 - 4　StudentTry.java

```
class Person {
    protected String name;
    protected int age;

    protected void show() {
     System.out.println("姓名:"+ name +";年龄:"+ age);
    }
```

```
    }

class Student extends Person {
 protected String department;
 public Student() {
  this.department ="计算机科学";
  System.out.println("系别:"+ this.department);
  }
 }
public class StudentTry{
 public static void main(String[] args) {
  Student stu = new Student();
  stu.name ="张三";
  stu.age = 20;
  stu.show();
  }
  }
```

在该源代码中,包含了三个类,其中 protected 修饰符用于修饰 Person 类中的成员变量和成员方法。具体来说:对于 Person 类中的 protected 成员变量,子类继承后,在创建子类 Student 对象时,可以直接访问 Person 类中的 protected 方法 show() 以及成员变量 name、age。

使用 protected 修饰符可以提供一定的封装性,让外部的类无法直接访问或修改某些类的内部数据,但允许子类继承这些数据并在子类中使用它们。因此,protected 修饰符适用于需要在类的内部和子类中使用,但不希望在外部进行直接访问的情况。

2. 使用 super 访问父类的成员变量和成员方法

除了使用子类对象访问父类成员以外,还可以使用关键字 super 对父类的成员进行访问,其语法格式为:

```
super.成员变量名;
super.成员方法名;
```

对 Person 类做适当改写,使用 super 进行访问,代码如下。

源代码 6-5　TestStu.java

```
class Person{
  protected String name;
  protected int age;
  public Person() {}   //程序员编写
  public Person(String name, int age){
  this.name = name;     this.age = age;
  }
  protected void show() {
```

```
      System.out.println("姓名:"+ name +"   年龄:"+ age);   }
   }
class Student extends Person{
 private String department;
 public Student (String xm,String dep) {
   department = dep;
   name = xm;
   super.age = 25;
   super.show();          //只写 show()亦可
   System.out.println("系别:"+ department );
  }
 }
public class TestStu{
   public static void main(String[] args) {
   Student stu = new Student("李小四","信息系");
   }
}
```

注意：

（1）该类中，使用 super.age = 25 访问父类中的成员 age，使用 super.show()访问父类中的方法 show()。

（2）父类中的 name、age 两个成员变量的修饰符均为 protected，按照该修饰符的特性，在子类中可以使用。

（3）在子类里，super 无法访问父类中的私有成员。

（4）执行子类的构造方法之前，需要先调用父类中的构造方法，在该例中，父类中已经定义了有参的构造方法，系统不提供默认构造方法，而子类无法调用父类中的有参构造方法完成初始化，因此需要程序员在父类中手动编写一个无参的构造方法，以帮助子类完成初始化。

3. 使用 super 访问父类中特定的构造方法

父类中有多个构造方法时，如何调用父类中某个特定的构造方法呢？同样也可以使用 super 关键字。其语法格式为：

```
super(参数列表)
```

在使用过程中，当父类中有多个重载的构造方法时，使用 super，将非常方便调用父类的构造方法。如 Person 类与 Student 类。

```
class Person
{ private String name;
 private int age;
 public Person()
 { ……   }
 public Person(String name, int age)
```

```
     {  ……   }
}
class Student extends Person
{ private String department;
  public Student()
  {  ……   }
  public Student (String name, int age, String dep)
  { super();
     super(name, age);
……
  }
}
```

注意：

（1）该语句必须写在子类构造方法的第一行，否则将无法正确执行。在执行过程中，系统根据 super 后参数的个数与类型，执行父类中相应的构造方法。如执行 super(name, age) 语句时，将访问父类中的有参构造方法，即

```
public Person(String name, int age)
{  ……   }
```

（2）若使用 super() 调用父类构造方法时，默认将会执行父类中"没有参数的构造方法"。

6.2 继承中的域隐藏与方法覆盖

【任务驱动】

1. 任务介绍

在 Animal 类中定义了一个 name 属性和一个 makeSound() 方法，用于输出动物叫声。Monkey 类继承自 Animal 类，并在内部隐藏了父类的 name 属性和 makeSound() 方法。此外还添加了 age 属性和 introduce() 方法，用于介绍该猴子的信息。

2. 任务目标

掌握继承中的域隐藏与方法覆盖的编程应用。

3. 实现思路

通过类继承机制实现对父类属性和方法的复用，定义父类 Animal 类，并通过派生类 Monkey 类的扩展，使得程序具有更加强大的功能。

【知识讲解】

1. 域隐藏

在子类中，定义与父类同名的成员变量，父类中的同名成员变量（成员变量，也称为域）将被隐藏，这种情况通常被称为域隐藏。如以下代码。

源代码 6 - 6　**TestField.java**

```java
class Animal {
  protected int legs = 4;
  public void printLegs() {
    System.out.println("This animal has "+ legs +"legs.");
  }
}
class Spider extends Animal {
  protected int legs = 8;
  public void printLegs() {
    System.out.println("This spider has"+ legs +"legs.");
  }
}
public class TestField{
  public static void main(String[] args) {
  Animal cat = new Animal();
  Spider tarantula = new Spider();
  // 输出 Animal 类实例的 legs 属性
  cat.printLegs();
  // 输出 Spider 类实例的 legs 属性,覆盖了 Animal 类中的 legs 属性
  tarantula.printLegs();   // This spider has 8 legs.
  }
}
```

在该例中,Spider 类继承了 Animal 类,并定义了一个同名的 legs 属性,从而隐藏了 Animal 类的 legs 属性。

在 Spider 类中重写的 printLegs()方法里,输出了 Spider 类自己的 legs 属性值,而不是从其父类 Animal 继承而来的 legs 属性值。如果调用 Spider 类对象中的 printLegs()方法,则会打印出该蜘蛛有 8 条腿的信息。

运行结果如下:

```
This animal has 4 legs.
This spider has 8 legs.
```

2. 方法的覆盖

(1) 方法的覆盖的概念

所谓方法的覆盖,是在子类中,定义名称、参数个数与类型均与父类完全相同的方法,这种行为也称为方法的重写,即重写父类中的同名方法。

这样做的好处是方法名一致易记易用,却可以实现与父类方法不同的功能。方法的覆盖和方法的重载,都是面向对象多态性的体现。

(2) 方法的覆盖的代码实现

在 Java 中,方法的覆盖是指子类继承父类的方法,并且重写了该方法。要实现方法的覆盖,首先需要创建一个父类,其中包含一个待覆盖的方法。接着创建一个子类,继承自父

类,并重写父类的方法。在主方法中实例化子类,并调用重写的方法。

下面以 Person 类与 Student 类中 show()方法为例,讲解方法的覆盖。

源代码 6 - 7　**MethodTest.java**

```
class Person {
 protected String name;
 protected int age;
 public Person(String name, int age) {
   this.name = name;
   this.age = age;
 }
 protected void show() {
    System.out.println("姓名:"+ name +"　年龄:"+ age);　}
}
class Student extends Person{
 private String department;
 public Student (String name, int age, String dep) {
  super(name, age);
  department = dep;
 }
 //覆盖父类中的同名方法
 protected void show() {
    System.out.println("系别:"+ department);　}
}
public class MethodTest{
 public static void main(String[] args)　{
  Student stu = new Student("王永涛", 24, "电子");
  stu.show();
 }
}
```

注意:

① 在该例中,子类的 show()方法覆盖了父类的同名方法,因此在执行 stu.show()时,访问的是子类中的 show()方法,而不是父类中的 show()方法。

② 在子类中覆盖父类的方法时,可扩大父类中的方法权限,但不能缩小其权限。

③ 不能覆盖父类中声明的 final 方法,关于 final 的讲解,参考 6.3 节拓展提升部分。

【动手实践】

完成任务驱动中的编程任务。在 Animal 类中定义了一个 name 属性和一个 makeSound()方法,用于输出该动物叫声。Monkey 类继承自 Animal 类,并在内部隐藏了父类的 name 属性和 makeSound()方法。此外还在子类中添加了 age 属性和 introduce()方法,用于介绍该猴子的信息。

源代码 6-8　TestMonkey.java

```java
class Animal {
  protected String name;
  public void makeSound() {
    System.out.println(name +"is making a sound.");
  }
}
class Monkey extends Animal {
  private int age;
  // 隐藏父类的 name 属性
  private String name ="Monkey";
  // 覆盖父类的 makeSound() 方法
  public void makeSound() {
    System.out.println(name +"is screeching.");
  }
  public void introduce() {
    System.out.println("Hi, I'm a "+ age +"- year - old "+ name +".");
  }
  public Monkey(int age) {
    this.age = age;
  }
}
public class TestMonkey{
public static void main(String[] args) {
  Animal animal1 = new Animal();
  animal1.name ="Elephant";
  animal1.makeSound();

  Monkey monkey1 = new Monkey(3);
  monkey1.introduce();
  monkey1.makeSound();
  }
}
```

在 Monkey 类中重新定义的 makeSound()方法中输出该猴子的叫声不同于 Animal 类的 makeSound()方法。

可以看到,animal1 对象调用 makeSound()方法时输出了其 name 属性对应的动物发出的叫声,而 monkey1 对象调用 makeSound()方法时输出的是猴子的 screeching。

【拓展提升】

用父类的变量访问子类的成员，只限于"覆盖"的情况发生。

```
父类 对象＝new 子类();
对象.子类方法;
```

参考代码如下：

```
Person per = new Student("王永涛",24, "电子");
per.show();
```

这种情况，涉及 Java 中的对象"向上转型"和"向下转型"的问题，感兴趣的读者可以进一步深入研究。

6.3 抽象类

继承的使用，极大地提高了代码的复用性。但在实际项目中，客户的需求是会动态变化的，只使用继承，已不能满足开发的需求。在面向对象程序开发原则中，有一条重要的原则——"开闭原则"（open closed principle），即对修改关闭，对扩展开放。在面对用户需求变化时，尽量不修改源代码，就能扩展新的功能。这就是面向对象程序设计中的核心思想"面向抽象编程"。

Java 程序设计语言中"面向抽象编程"的两种实现手段为：抽象类和接口。本节简要介绍抽象类的定义和实现。

【任务驱动】

1. 任务介绍

图形继承问题：编写图形类，在类中定义求解周长、面积的方法。通过子类继承图形类，求解具体图形的周长和面积。

2. 任务目标

掌握抽象类的编程应用。

3. 实现思路

定义抽象类 Shape，在类中定义求解周长、面积的抽象方法，在子类中，针对具体图形，实现 Shape 类中所定义的抽象方法。

【知识讲解】

1. 抽象类概念的引入

对象是类的实例，类是现实世界中对象的抽象，是同一类事物的共性描述，但在现实世界中，存在部分类，这些类因过于抽象，而不能实例化出具体对象。

如："动物"类，就是一个抽象的概念，它代表所有动物的共同属性。如果设计 Animal 类来描述各种动物对象，那么该如何用 Java 语言描述出该类呢？

通过分析,可以发现,动物一般都能发出叫声,都有自己的饮食习惯,在攻击性方面,都有自己的特点。

图 6-5 **Animal 类分析**

使用 Java 语言尝试写出 Animal 类,发现各种动物的叫声、食性、攻击性各不相同,因此无法写出该类中具体的行为代码。

```
public class Animal
{
    public void cry(){ }
    public void eat(){}
    public void attack(){}
}
```

简而言之,没有办法实例化出一个 Animal 类的具体对象。我们能想出的任何一只具体的动物,都是由"动物"经过特殊化形成的某个子类的对象。如熊猫"胖胖"是 Animal 类的子类 Panda 类的对象,动物园的一只老虎是 Animal 类的子类 Tiger 类的实例对象。像 Animal 类这种没有办法实例化出具体对象的类,就是抽象类。

在现实生活中,还有很多这样的抽象类,如交通工具类、图形类等等。

所以,抽象类是没有具体对象的概念类,抽象类不能直接被实例化,不能直接用 new 运算符创建对象。

不能创建具体对象的抽象类,在使用中,一般作为其他类的父类,派生子类,再由其子类来创建对象,由此实现"面向抽象编程"的思想。

2. 抽象方法的概念与实现

抽象方法指那些只有方法声明,而没有定义方法体的方法。区别于普通方法,抽象方法一般使用关键字 abstract 进行修饰。声明抽象方法的一般语法格式如下:

[修饰符] abstract 返回值的数据类型 方法名([参数表]);

注意:抽象方法只有声明,没有方法体,所以必须以";"结尾。

抽象方法只能存在于抽象类中,如果在一个类中某个或某些方法,只有方法声明,没有定义方法体,不能提供具体的实现代码而被声明为抽象方法时,那么这个类也必须声明为抽象类。

3. 抽象类的语法实现

在 Java 中要实现抽象类,在类定义时,用关键字 abstract 修饰类。

抽象类的定义的语法格式为:

```
abstract class 类名
{
    成员变量;
    返回值的数据类型 方法名([参数表]){ …… }
    abstract 返回值的数据类型 方法名([参数表]);
}
```

注意：

（1）抽象类中除了可以包含抽象方法，也可以包含普通方法。

（2）一个抽象类中可以有一个或多个抽象方法，也可以没有抽象方法。

（3）抽象方法只能出现在抽象类中。

（4）抽象方法仅仅是为所有的派生子类定义一个统一的接口，方法具体实现的程序代码交给了各个子类来完成，不同的子类可以根据自身的情况以不同的程序代码实现。

（5）构造方法、静态（static）方法、最终（final）方法和私有（private）方法，都不能被声明为抽象的方法。

如前述 Animal 类，可以声明为抽象类。代码如下。

```
public abstract class Animal {
    public abstract void cry();
    public abstract void eat();
    public abstract void attack();
}
```

因为抽象类只能被继承，不能创建具体对象，即不能被实例化。因此需要创建 Animal 类的子类，通过继承机制实现这些抽象方法。

现假设 Anima 类有如图 6-6 所示子类。

图 6-6 Animal 类继承关系图

根据抽象类的规则，以子类 Tiger 为例，定义子类 Tiger 继承 Animal，由子类来实现父类中所定义的抽象方法，也就是为抽象方法写上方法体。

这里的子类和抽象类，即父类，存在继承关系，因此这一过程也可以描述为"父类中的抽象方法被子类方法所覆盖"。参考代码如下。

源代码 6-9 TestAbstract.java

```
abstract class Animal {
    public abstract void cry();
    public abstract void eat();
    public abstract void attack();
}
```

```
class Tiger extends Animal{
public void cry() {
        System.out.println("嗷呜~"); }
public void eat() {
        System.out.println("我爱吃肉~"); }
public void attack() {
        System.out.println("凶猛~");}
}
//测试类
class TestAbstract{
public static void main(String[] args) {
        Tiger t1 = new Tiger();
        t1.cry();
        t1.eat();
      t1.attack();
    }
}
```

4．"面向抽象编程"思想的体现

在上述 Animal 案例中，已经定义了三个子类。

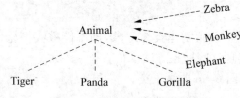

图 6-7 Animal 类扩展分析

如果现在有其他类也要继承动物类，或者想去描述其他动物类的特性，直接创建对应的类继承 Animal 类就可以了，如图 6-7 所示，直接创建 Elephant 类、Monkey 类、Zebra 类继承 Animal 类，并实现 Animal 类中的抽象方法。此时，原有的父类 Animal 和子类 Tiger、Pander 等代码不需要修改，就可以直接扩展，增加新的类，就能扩展程序的功能。

这和本节开始所述的开闭原则，即"对扩展开放，对修改关闭"完全吻合，抽象类使用的优越性可见一斑。

【动手实践】

接下来解决任务驱动中的问题，首先定义抽象形状 Shape 类，在该类中定义求解周长的方法 getPerimeter()，求解面积的方法 getArea()。Shape 类结构分析如图 6-8 所示。

在该例中，具体的形状未确定之前，面积是无法求取的，因为不同形状求取面积的数学公式不同，无法写出通用的方法体，只能声明为抽象方法，具体方法实现由它的子类 Square 实现。

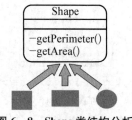

图 6-8 Shape 类结构分析

根据以上分析,编写程序代码如下。

源文件 6 - 10 TestShape.java

```java
//定义抽象类 Shape
abstract class Shape {
    public abstract double getPerimeter();
    public abstract double getArea();
}
//定义子类,继承抽象类 Shape
class Square extends Shape{
    private double length;
    Square(double l){
        this.length = l;
    }
    public double getPerimeter(){
        return this.length * 4;
    }
    public double getArea() {
      return this.length * this.length;
    }
}
//子类对象创建定义
public class TestShape{
    public static void main(String[] args) {
        Square s1 = new Square(2);
        System.out.println("perimeter:"+ s1.getPerimeter());
        System.out.println("area:"+ s1.getArea());
    }
}
```

【拓展提升】

在 Java 中,final 是一个关键字,可以用来修饰类、变量和方法。

final 用于修饰类时,表示该类不能被继承。例如,如果定义了一个 final 类 Animal,则其他类无法通过 extends 关键字继承该类。

用于修饰变量时,表示该变量不能被重新赋值。例如,如果定义了一个 final int 常量 AGE,则无法对其进行二次赋值,即 AGE = 20 这类的操作是非法的。

用于修饰方法时,表示该方法不能被子类重写。例如,如果在父类中定义了一个 final 方法 printName(),则子类无法使用@Override 关键字来重新定义该方法的实现逻辑。

总之,final 关键字可以用来实现代码的安全性、可读性和灵活性等多种目的。在编程实践中,应该根据具体需求选择合适的 final 使用方式,以便最大限度地提高程序的效率和稳定性。

1. final 修饰类

被 final 修饰的类,称为最终类,最终类不可以有子类,不可以被继承。

优点:final 类通常是一些有固定作用、完成某种标准功能的类,如 Java 类库中用来实现某些网络功能的类。

使用 final 修饰的类为最终类,不能被继承,而使用 abstract 修饰的类为抽象类,必须被继承,通过子类对象,完成实例化的操作,因此 abstract 和 final 修饰符不能同时修饰一个类。

不过这两个修饰符,可以分别和其他访问控制符联合使用。例如:public abstract 或者 public final。在使用中,修饰符之间的先后排列次序对类的性质没有影响。

2. final 修饰变量

用 final 修饰的变量是最终变量,即常量,值一旦给定,在程序执行过程中都不会改变,用 final 修饰的成员变量、局部变量都是只读量。

(1) static final 常连用,表示静态的常量,可以使用类名直接访问。

```
如:Math.PI
```

(2) 父类中声明为 final 的成员在子类中可以被继承,但不能被覆盖。

```java
class AAA
{
 static final double PI = 3.14;
 public final void show()
 {
  System.out.println("pi ="+ PI );
 }
}
```

定义类 AAA 后,声明类 BBB 继承 AAA,如下述代码。

```java
class BBB extends AAA
{
 private int num = 100;
 public void show() {   //错误,父类中 show()方法为 final,不可被覆盖
  System.out.println("num ="+ num);
 }
}
```

分析可知,BBB 类中的代码中存在错误,AAA 中的 show()方法为 final,不可在 BBB 类中被覆盖。

上述代码,可以修改为:

```java
class AAA
{
 static final double PI = 3.14;
 public final void show()
 {
```

```
    System.out.println("pi ="+ PI );
  }
}
class BBB extends AAA
{
 private int num = 100;
 }
 class Test{
  public static void main(String[] args)
  {
  BBB ex = new BBB();
  ex.show();
 }
}
```

3. final 修饰成员方法

Java 中，子类可以从从父类继承成员方法和成员变量，并且可以把继承来的某个方法重新改写并定义新功能。但如果父类的某些方法不希望再被子类重写，必须把它们说明为最终方法，用 final 修饰即可。

被 final 修饰的方法，称为最终方法，是指不能被子类重写（覆盖）的方法。定义 final 方法的目的主要是用来防止子类对父类方法的改写以确保程序的安全性。

注意：除了被 final 显式修饰的方法外，所有被 private 限定的私有方法及所有包含在 final 类中的方法，都被缺省地认为是 final 方法。

定义最终方法的一般格式如下：

```
[访问限定符] final 数据类型 最终方法名([参数列表])
{
        //方法体代码
        .........
}
```

使用 final 方法的好处在于，可以固定该方法所对应的具体操作，防止子类误对父类关键方法的重定义，保证程序安全性和正确性。所以，对于类中一些完成特殊功能的方法，只希望子类继承使用而不希望修改，可定义为最终方法。

6.4 内部类和匿名类

内部类和匿名类是特殊形式的类，它们不能形成单独的 Java 源文件，在编译后也不会形成单独的类文件。

1. 内部类

所谓内部类（inner class），指被定义在另外一个类内、甚至一个方法内的类，这样的类中类，称为嵌套类、成员类，或内部类，与内部类相对的概念是外部类（outer class），包含内部类的类,被称为内部类。

内部类在形式上,可以有自己的成员变量、方法等,与一般类相同。

但与一般类的作用不同,通常把内部类看成是外部类的一个成员,地位和成员变量、成员方法类似。因此内部类可用的修饰符比一般类要多,内部类可以声明为 private 和 protected,也可以用 final、abstract、static 修饰。

内部类的作用,主要是将逻辑上相关的类放到一起,注意内部类不能够与外部类同名。

定义形式,如下列代码所示。(其中 TestInner 即为外部类,Student 为内部类)

源代码 6-11　TestInner.java

```
public class TestInner
{
 private int stuAge;
 public class Student
 {
  String stuName;
  public Student(String name, int age)
  { stuName = name;
    stuAge = a;
  }
  public void show()
  { System.out.println("学生姓名:"+ this.stuName +";学生年龄:"+ stuAge); }
 }
 public void show()    //外部类的成员方法
 { Student stu1 = new Student("张一三",24);    //内部类对象 stu
  stu1.show();
 }
 public static void main(String[] args)
 { Test t = new Test();
  t.show();          //外部类实例调用外部类成员方法
 }
}
```

（1）内部类与外部类的成员访问

外部类通过内部类的对象访问内部类中定义的成员,外部类的成员变量在内部类中有效。内部类可以直接访问外部类的其他域及方法,即使 private 也行。

（2）内部类编译后,也外部类一样,会生成 .class 字节码文件。如图 6-9 所示。

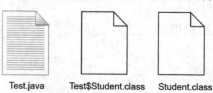

Test.java　　Test$Student.class　　Student.class

图 6-9　编译文件截图

通过观察可以发现,编译后内部类也生成了 .class 字节码文件,但产生的内部类字节码文件,文件名一般类不同,采用"外部类名$内部类名"的形式,这里为:Test $ Student.class。

内部类作为一个成员,它有如下特点。

① 若使用 static 修饰,则为静态内部类;否则为非静态内部类。静态和非静态内部类的主要区别在于:

内部静态类对象和外部类对象可以相对独立。它可以直接创建对象,即使用 new 外部类名。内部类名()格式,也可通过外部类对象创建。如 Circle 类中,在 remainArea()方法中创建。非静态类对象只能由外部对象创建。

静态类中只能使用外部类的静态成员不能使用外部类的非静态成员;非静态类中可以使用外部类的所有成员。

在静态类中可以定义静态和非静态成员;在非静态类中只能定义非静态成员。

② 外部类不能直接存取内部类的成员。只有通过内部类才能访问内部类的成员。

③ 如果将一个内部类定义在一个方法内(本地内部类),它完全可以隐藏在方法中,甚至同一个类的其他方法也无法使用它。

2. 匿名类

匿名类(anonymouse inner class),也称为匿名内部类,指的是没有类名的内部类,通常在事件处理的程序中,会使用到。

匿名类一种特殊的内部类,没有类名,在使用时,直接用其父类的名字或者所实现的接口的名字。

匿名内部类在定义时,不使用关键词 class。在定义匿名类的同时,会自动创建该类的一个对象。匿名类可以访问外嵌类中的成员变量和方法,不可以声明类变量和类方法。

```
new Type() //Type 是父类名或者接口名,()内不允许有参数
{ 匿名类的类体        }
```

如下面的类:

```
new Hello ()
{
  public int getNum() //匿名类的类体
  {…… }
}
```

(1) 匿名类名前面不能有修饰符。

(2) 匿名类中不能定义构造方法,因为它没有类名。

(3) 匿名类的可读性较差,一般类在定义后马上用到,且只用一次,因此内体的代码量要比较小,一般推荐 10 行代码以下。

6.5　本章小结

本章中介绍了继承和抽象类,它们是 Java 面向对象编程中两个重要的概念。继承是指一个类可以继承另一个类的属性和方法,并可以在此基础上添加新的功能。在 Java 中,使

用关键字 extends 表示类的继承关系，子类可以使用父类的非 private 属性和方法。需要注意的是，Java 中只支持单继承关系，即一个子类只能继承一个父类。如果需要继承多个类的属性和方法，可以使用接口实现多继承。

抽象类是一种不能够被实例化的类，它用来描述一类事物的通用特征，并可以包含抽象方法和具体方法。抽象方法只是声明了方法的名称、参数列表和返回类型，但没有具体的实现。Java 中使用关键字 abstract 来定义抽象类和抽象方法。一个类如果包含抽象方法，那么它必须是抽象类，而抽象类不一定要包含抽象方法。

继承和抽象类之间有着紧密的联系，因为抽象类常常用于定义通用的行为规范，而子类则通过继承抽象类并实现其中的抽象方法来定义具体的细节。通过这种方式，Java 可以使用多态机制来实现不同类型对象之间的灵活组合和互换。

本章还对内部类和匿名类的基本概念做了介绍，这两种类在比较特殊的场合下会使用。

6.6　本章习题

1. 编写程序，要求如下。

（1）定义一个抽象类 Shape，在该类中：创建抽象方法 Area() 和 printArea()，Area() 求解并返回面积，printArea() 用于输出面积，无返回值。

（2）创建 Shape 类的子类 Rectangle（矩形）类，该类中：包括两个私有整型变量 width（宽）和 length（长），定义一个构造方法对 width 和 length 进行初始化，在该类中实现抽象类中所定义的抽象方法。在主方法中：创建矩形实例，用构造方法初始化长、宽分别为 3 和 4，求解并输出该矩形的面积。

2. 编写程序，要求如下。

定义一个 Person 类，包含 name、age 和 gender 三个属性，以及一个 introduce() 方法，用于介绍个人信息。然后，定义一个 Teacher 类作为 Person 类的派生类，并新增一个 subject 属性和一个 teach() 方法，用于输出授课信息。最后，定义一个 Student 类也作为 Person 类的派生类，并新增一个 major 属性和一个 study() 方法，用于输出学习信息。请根据以上要求实现该程序。

3. 编写程序，要求如下。

定义一个 Vehicle 类，包含 brand、color 和 price 三个属性，以及一个 run() 方法，用于输出行驶信息。然后，定义一个 Car 类作为 Vehicle 类的派生类，并新增一个 type 属性和一个 use() 方法，用于输出汽车使用信息。最后，定义一个 Bicycle 类也作为 Vehicle 类的派生类，并新增一个 height 属性和一个 ride() 方法，用于输出骑行信息。请根据以上要求实现该程序。

第7章

接 口

接口是 Java 编程语言中非常重要的概念,它是一种规范或标准,定义了一组方法和常量,但没有实际的代码实现。在程序设计中,接口通常被用来表示对比较抽象的数据类型进行操作的类之间的协议或契约。其他类可以通过实现一个接口来表达对该接口的遵循,完成这样一个动作便使类支持该接口描述的行为或能力。

当一个类实现了某个接口,它需要提供接口中声明的所有方法的实现。这使得那些使用该类的对象可以调用该类中实现了的方法,从而执行与接口相关的行为或功能。而不是针对具体的类进行编程,这样会使程序更加灵活、可扩展和易于维护。

学习目标

(1) 理解接口的概念与意义;
(2) 掌握接口定义与实现的方法;
(3) 掌握接口继承的使用;
(4) 理解面向抽象编程的思想。

本章知识地图

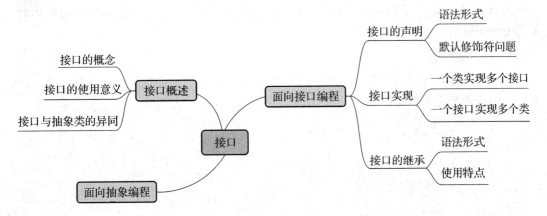

7.1　接口概述

1. 为什么需要接口

上一章绍了抽象类的基本概念，在 Java 中可以把接口看作是一种特殊的抽象类，它只包含常量和抽象方法的定义，而没有变量和方法的实现，它用来表明一个类必须做什么，而不去规定它如何做。

例如需要编写一个程序，利用已经掌握的抽象类知识，创建歌唱家和作曲家实例。代码结构如下。

```
abstract class Singer{
public abstract void sing();
}
abstract class Composer{
public abstract void melodize();
}
class Person extends Singer{
......
}
class Person1 extends Composer{
......
}
```

如果需要创建歌唱家和作曲家的实例，可以按如下格式书写。

```
Person Frank = new Person();
Person1 Dave = new Person1();
```

但是，如果现在有一个叫 James 的人，他既是歌唱家，也是作曲家。该如何用代码实现呢？

此时类需要同时继承类 Singer 和类 Composer，如果像下面这样写，显然是错误的。

```
class Person extends Singer & Composer //错误,Java 不支持多重继承
```

因此，使用抽象类不能解决实际的编程需要，当需要实现类似多重继承效果的功能时，就需要使用接口。

2. 接口的概念

Java 中的接口定义的是多个类共同的公共行为规范，这些行为是与外部交流的通道，因此接口中通常定义一组公用的方法。

7.2 面向接口编程

【任务驱动】

1. 任务介绍

假设要设计一个音乐播放器,其中包含以下几个类:MusicPlayer,MP3Player 和 CDPlayer。MusicPlayer 是一个接口,表示音乐播放器的基本功能;MP3Player 和 CDPlayer 是具体类,分别表示 MP3 播放器和 CD 播放器的特殊功能。

2. 任务目标

掌握接口的声明与接口实现的方法。

3. 实现思路

定义一个音乐播放器接口 MusicPlayer,规范播放、暂停和停止的功能,MP3Player 和 CDPlayer 是具体类,实现接口 MusicPlayer,并在主类主方法中进行测试。

【知识讲解】

1. 接口的声明

与类的结构相似,接口也分为接口声明和接口体两部分,但不再使用 class 关键字,而是使用关键字 interface。

在定义接口时,接口里可以包含成员变量,方法或内部类,在本教材中,只讨论基础的形式,即包含成员变量与方法的情况。

注意:这里的成员变量只能是常量,默认使用 public static final 修饰。

方法只能是抽象方法,默认使用 public abstract 修饰。

声明接口的一般语法格式如下:

```
[public] interface 接口名
{ [public][static][final] 域类型 域名=常量值;
  [public][abstract] 返回值 方法名( 参数列表 ) ;
}
```

对接口定义说明如下:

(1)接口的访问限定只有 public 和缺省的。

(2)interface 是声明接口的关键字,与 class 类似。

(3)接口的命名必须符合标识符的规定,并且接口名必须与文件名相同。

(4)允许接口实现多重继承,通过"extends 父接口名列表"可以继承多个接口。

(5)对接口体中定义的常量,系统默认为是"static final"修饰的,不需要指定。

(6)对接口体中声明的方法,系统默认为是"abstract"的,也不需要指定。对于一些特殊用途的接口,在处理过程中会遇到某些异常,可以在声明方法时加上"throw 异常列表",以便捕捉出现在异常列表中的异常。有关异常的概念将在后续章节讨论。

如上述"James 的难题"一例中，可以声明唱歌接口 SingFace。

```
interface SingFace{
abstract void sing();
}
```

在接口的使用中，有一条重要的规则：接口体中，成员修饰符缺省即默认。

```
interface SingFace{
  int MAX_SIZE = 50;
  void sing() ;
}
```

上述代码与下述代码完全等价，成员变量 int MAX_SIZE 与成员方法 void sing()在声明时，并未使用修饰符，但依据"缺省即默认"的规则，成员变量将默认添加修饰符 public static final，使其成为公共静态常量。

成员方法默认添加修饰符 public abstract 使其称为公共的抽象方法。

```
interface SingFace{
public static final int MAX_SIZE = 50;
  public abstract void sing() ;
}
```

2. 接口的实现

接口不能用于创建实例，因此需要使用类来实现接口。所谓接口的实现，即是利用接口建造新类，实现接口中的所有抽象方法，书写方法体代码，完成方法所规定的功能。一个类可以实现一个或多个接口，实现接口则使用 implements 关键字，注意与继承关键字 extends 的区别。

实现接口的基本语法格式如下：

```
class 类名 implements 接口名表
  {
    ......
    // 实现接口中所有的抽象方法
    ......
    }
```

一个类实现了一个或多个接口之后，这个类必须完全实现这些接口里所定义的全部抽象方法（也就是重写这些抽象方法）。否则，该类将保留从父接口那里继承到的抽象方法，该类也必须定义成抽象类。

接口的实现，有两种使用场景，分别是一个类实现多个接口、一个接口被多个类实现。下面分别来进行阐述。

（1）场景一：一个类实现多个接口

以"James 的难题"为例，首先声明唱歌、作曲两个接口。

源代码 7 - 1　TestPerson.java

```
interface SingFace{
public abstract void sing();
}
 interface Compose{
 void melodize();
}
```

在声明接口后,定义类 Person 来实现接口。

```
class Person implements SingFace,Compose{
  public void sing() {
   System.out.println("我会唱歌");
  }
  public void melodize() {
   System.out.println("我会作曲");
  }
}
```

再创建 Person 类的实例 James,就可以解决"James 的难题"了。

```
class TestPerson{
 public static void main(String[] args){
   Person James = new Person();
   James.sing();
   James.melodize();
 }
}
```

注意:

① 类在实现接口中抽象方法时,必须显式地使用 public 修饰符,但在声明接口时,可以省略。

② 利用接口能弥补 Java 单重继承的不足。

(2) 场景二:一个接口被多个类实现

在上述代码中,已经创建好唱歌接口。

```
interface SingFace{
public abstract void sing();
}
```

如果小猫需要唱歌,定义 Cat 类,实现 SingFace 接口即可。

```
class Cat implements SingFace{
 public void sing() {
  System.out.println("喵喵");
  }
 }
```

此时,创建 Cat 类的实例,调用 sing 方法即可。

```
Cat cat1 = new Cat();
cat1.sing();
```

如果青蛙也需要唱歌,定义 Frog 类,实现 SingFace 接口即可。

```
class Frog implements SingFace{
 public void sing() {
   System.out.println("呱呱");
  }
 }
```

如果程序功能需要拓展,有其他类需要实现唱歌接口,直接使用 implements 关键字实现即可。如,Dog 类也要实现唱歌的功能,直接定义类 Dog 实现 SingFace 接口即可。

```
class Dog implements SingFace {
  ......
  ......
}
```

注意:

① 不同的类可以实现同一个接口,接口的使用有利于程序功能的拓展。

② 接口与抽象类是"面向抽象编程"两种主要实现形式,面向抽象编程使程序符合"开闭原则"。

③ 接口在面向对象编程模式中经常使用,接口的使用体现了规范与实现分离的原则,充分利用接口可以很好地提高系统的可扩展性和可维护性。

【动手实践】

1. 使用接口来解决任务驱动中的播放器问题

要设计一个音乐播放器,其中包含以下几个类:MusicPlayer,MP3Player 和 CDPlayer。MusicPlayer 是一个接口,表示音乐播放器的基本功能;MP3Player 和 CDPlayer 是具体类,分别表示 MP3 播放器和 CD 播放器的特殊功能。

源代码 7 - 2　**TestMusicPlayer.java**

```
// 定义音乐播放器的基本接口
public interface MusicPlayer {
 public void play();   // 播放音乐
 public void pause(); // 暂停播放
 public void stop();   // 停止播放
}


// 定义 MP3 播放器类,实现音乐播放器接口
public class MP3Player implements MusicPlayer {
 public void play() {
  System.out.println("MP3 Player is playing music.");
```

```
  }
 public void pause() {
   System.out.println("MP3 Player is pausing music.");
  }
 public void stop() {
   System.out.println("MP3 Player is stopping music.");
  }
}
// 定义 CD 播放器类,实现音乐播放器接口
public class CDPlayer implements MusicPlayer {
 public void play() {
   System.out.println("CD Player is playing music.");
  }
 public void pause() {
   System.out.println("CD Player is pausing music.");
  }
 public void stop() {
   System.out.println("CD Player is stopping music.");
  }
}
// 测试类
public class TestMusicPlayer {
 public static void main(String[] args) {
  MusicPlayer mp3Player = new MP3Player();
  MusicPlayer cdPlayer = new CDPlayer();

  mp3Player.play();
  mp3Player.pause();
  mp3Player.stop();

  cdPlayer.play();
  cdPlayer.pause();
  cdPlayer.stop();
  }
}
```

在上述案例中,定义了 MusicPlayer 接口,该接口包含三个方法:play()、pause()和 stop(),用于规范音乐播放器应有的基本功能。

定义具体的 MP3Player 和 CDPlayer 类,它们都实现了 MusicPlayer 接口,并分别重写了 play()、pause()、stop()方法以实现特定功能。

MP3Player 类中实现了播放 MP3 文件的功能。CDPlayer 类中实现了播放 CD 光盘的功能。

在测试类 TestMusicPlayer 中创建了 MP3Player 和 CDPlayer 类的对象,并对其进行了调用操作。首先,创建了 MP3Player 和 CDPlayer 的对象 mp3Player 和 cdPlayer。接着,分

别调用它们的 play()、pause()、stop()方法,通过标准输出打印对应的信息来确认方法是否被正确执行。

总的来说,上述代码展示了接口在 Java 语言中的使用,定义接口用于规范类的行为,让具体的类来实现接口中的方法。通过这种方式,可以提高程序的可扩展性和代码的重用率。在真正开发中,也可以通过接口来实现更多功能的划分。

2. 图形接口的应用

定义 Shape 类,类中包含 PI 常量、求解面积和周长的抽象方法。编写一个类 Circle 实现接口 Shape,重写接口中的两个方法 area()和 length(),并在测试类 TestInterface 中进行调用并输出结果。程序代码如下。

源文件 7 - 3　TestInterface.java

```java
interface Shape
{
 final double PI = 3.14;
 abstract double area();
 abstract double length();
}
class Circle implements Shape
{
 private double radius;
 public Circle(double r)
 {
  radius = r;
 }
 public double area()    //接口中方法的实现
 {
  return PI * radius * radius;
 }
 public double length()    //接口中方法的实现
 {
 //尽管不需要计算圆形的周长,但也必须实现该方法
 }
}
class TestInterface
{
 public static void main(String[] args)
 {
 Circle c = new Circle(3);
 DecimalFormat myNumFormat = new DecimalFormat("0.00");
  System.out.println("圆的面积是"+ myNumForma.format(c.area()));
 }
}
```

注意:

(1) 在程序中,实现了接口 Shape 中的两个方法。对于其他的几何图形,可以参照该例编写代码。

(2) 在编程中,实现接口时,即使不需要接口中声明的某个方法,但也必须实现它。类似这种情况,一般以空方法体(即以"{}"括起没有代码的方法体)实现它。

【拓展提升】

接口和抽象类有共同点:

(1) 它们都位于继承树的顶端,都不能被实例化,而用于被其他类实现和继承。

(2) 接口和抽象类都可以包含抽象方法,实现接口或继承抽象类的普通子类都必须实现这些抽象方法。

两者的区别在于:

(1) 一个类最多只能有一个直接父类,包括抽象类;但一个类可以实现多个接口,通过实现多个接口可以弥补 Java 单继承的不足。

(2) 接口里只能包含抽象方法,不能包含已经提供实现的方法;抽象类则完全可以包含普通方法。

7.3 接口的继承

【任务驱动】

1. 任务介绍

利用接口继承模拟计算器,实现四则运算功能。

2. 任务目标

掌握接口继承的使用方法。

3. 实现思路

在父接口中定义获取运算结果的抽象方法,分别定义代表加、减、乘、除运算的子接口,在子接口中实现对应的方法即可。

【知识讲解】

1. 接口继承的概念

接口的继承和类继承不一样,接口完全支持多继承,可以有一个以上的父接口,用逗号隔开,形成父接口列表。

子接口继承父接口,可以获得父接口的所有抽象方法、常量属性等定义。

```
[public] interface 接口名  [extends 父接口名列表]
{
    [public][static][final] 域类型 域名=常量值;
    [public][abstract] 返回值 方法名( 参数列表 );
}
```

在接口的继承中,可以把接口理解成由常量、抽象方法组成的特殊类。要注意与抽象类的区别:① 接口中的数据成员必须初始化;② 接口中的方法,必须全部为 abstract。

在接口继承中,如果子接口有与父接口同名的常量或相同的方法,则父接口中的常量被隐藏,方法被覆盖。

2. 接口继承举例

假设有接口 Face1,其中定义了常量 PI 及抽象方法 area(),定义了接口 Face2,其中包含抽象方法 setColor()。现定义接口 Face3 继承 Face1 和 Face2 接口,最后通过主类进行测试,具体代码如下。

源文件 7－4 Circle.java

```
interface Face1
{  double PI = 3.14;
    abstract double area(); }
interface Face2
{  abstract void setColor(String c); }
interface Face3 extends Face1,Face2
{  abstract void volume(); }
public class Circle implements Face3
{
 private double radius;
 private int height;
 protected String color;
 public Circle(double r)
  {  radius = r;  }
 public double area()
 {  return pi * radius * radius;  }
 public void setColor(String c)
 {  color = c;
    System.out.println("颜色:"+ color);  }
 public void length()
 {  System.out.println("周长为="+ area()* height);  }
 public static void main(String[] args)
 {  Circle c1 = new Circle(6);
    c1.setColor("红色");
    c1.getLength();  }
}
```

（1）在该程序中，Face3 继承了 Face1 和 Face2 接口，就继承了父接口中拥有的常量和方法。

（2）在实现 Face3 接口的类 Circle 中，需要实现 Face3 及 Face2、Face1 中继承过来的抽象方法。

【动手实践】

下面使用接口来解决任务驱动中的计算器问题。

实现一个计算器程序，其中需要实现不同类型的运算，比如加法、减法、乘法和除法。此时，可以使用接口继承来设计这些运算的抽象接口。

首先，定义一个基本的接口 Operation，该接口包含一个方法 getResult()，用于获取运算结果。然后，在这个接口的基础上进一步扩展子接口 Addition、Subtraction、Multiplication 和 Division，分别代表加法、减法、乘法和除法运算。接下来，分别实现这些接口中的方法，最后，在测试类中进行调用，看看能否正确地计算出结果。

源代码 7 - 5　TestOperation.java

```java
public interface Operation {
  public double getResult();
}
public interface Addition extends Operation {
  public void setNumbers(double num1, double num2);
}
public interface Subtraction extends Operation {
  public void setNumbers(double num1, double num2);
}
public interface Multiplication extends Operation {
  public void setNumbers(double num1, double num2);
}
public interface Division extends Operation {
  public void setNumbers(double num1, double num2);
}
public class Add implements Addition {
  private double num1;
  private double num2;
  public void setNumbers(double num1, double num2) {
    this.num1 = num1;
    this.num2 = num2;
  }
  public double getResult() {
    return num1 + num2;
  }
}
```

```java
public class Subtract implements Subtraction {
  private double num1;
  private double num2;
  public void setNumbers(double num1, double num2) {
    this.num1 = num1;
    this.num2 = num2;
  }
  public double getResult() {
    return num1 - num2;
  }
}

public class Multiply implements Multiplication {
  private double num1;
  private double num2;
  public void setNumbers(double num1, double num2) {
    this.num1 = num1;
    this.num2 = num2;
  }
  public double getResult() {
      return num1 * num2;
  }
}

public class Divide implements Division {
  private double num1;
  private double num2;
  public void setNumbers(double num1, double num2) {
    this.num1 = num1;
    this.num2 = num2;
  }
  public double getResult() {
    if (num2 == 0) {
      throw new IllegalArgumentException("除数不能为零");
    }
    return num1 / num2;
  }
}
public class TestOperation {
  public static void main(String[] args) {
    Addition addition = new Add();
    addition.setNumbers(5, 3);
```

```
        System.out.println(addition.getResult());

        Subtraction subtraction = new Subtract();
        subtraction.setNumbers(5, 3);
        System.out.println(subtraction.getResult());

        Multiplication multiplication = new Multiply();
        multiplication.setNumbers(5, 3);
        System.out.println(multiplication.getResult());

        Division division = new Divide();
        division.setNumbers(5,3);
        System.out.println(division.getResult());
    }
}
```

注意: 在实现除法的时候,需要注意除数是否为零的情况,并进行异常处理。有关异常处理的知识,将在第 8 章详细介绍。

【拓展提升】

1. 接口继承的编译问题

现定义了接口 FaceMyA,其中包含常量和抽象方法;接口 FaceMyB,也包含了常量和抽象方法;接口 FaceMyC,继承了接口 FaceMyA 与 FaceMyB。如下述代码。

源代码 7 - 6　**InterfaceExtendTest.java**

```
interface FaceMyA
{    int Num_myA = 5;
     void testA();   }
interface FaceMyB
{    int Num_myB = 6;
     void testB();}
interface FaceMyC extends FaceMyA, FaceMyB
{    int Num_myC = 7;
     void testC();}
public class InterfaceExtendTest
{    public static void main(String[] args)
     {
        System.out.println(FaceMyC.Num_myA);
        System.out.println(FaceMyC.Num_myB);
        System.out.println(FaceMyC.Num_myC);
     }
}
```

（1）在主类主方法中，使用了 FaceMyC 分别访问了常量 Num_myA，常量 Num_myB 和常量 Num_myC，但在 FaceMyC 当中，只定义了常量 Num_myC，为什么可以使用它访问常量 Num_myA 和 Num_myB 呢？

因为 FaceMyC 接口继承了 FaceMyA 与 FaceMyB，继承后就获得了接口当中所定义的静态常量、方法。所以在子接口的实现类中，可以访问父接口中的常量。

（2）需要注意的是，这些常量前面虽然没有加修饰符，但按照接口声明的规则，默认具有 public static final 修饰符的，所以这些常量都是静态的常量。

对于静态常量，可以采用"类名.静态常量名"进行访问，因此，在接口当中，同样这样可以去做，这也是接口和类相似的地方。

（3）接口编译问题，该程序去编译会生成四个字节码的文件，如图 7-1 所示，每一个接口都会被编译成独立的字节码文件，从这里也可以发现，接口和类的地位相当。感兴趣的读者可以编译调试该程序。

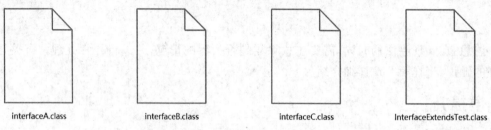

interfaceA.class   interfaceB.class   interfaceC.class   InterfaceExtendsTest.class

图 7-1   接口对应字节码文件

（4）在一个 Java 源程序中，只能有一个公共类。因为接口和类具有相同的地位，所以当该程序中的主类声明为 public 后，其余三个接口都不可以声明为 public。

2. Java 源程序的结构

在学习完接口之后，重新来看 Java 源程序的结构。完整的 Java 源程序结构如下。

```
[public][abstact|final] class className [extends superclassName]
[implements InterfaceNameList]
{ //类声明
  [public | protected | private][static][final][transient][volatile] type
variableName;
  //成员变量声明,可为多个
  [public | protected | private][static][final | abstract][native]
[synchronized] returnType methodName ([paramList])
  //方法定义及实现,可为多个
    [throws exceptionList]{
    statements
  }
}
```

（1）在一个源程序当中不管有多少个接口，多少个类，其中只有一个能被 public 所修饰。

（2）package：指定文件中的类所在的包，0 个或 1 个，必须是第一条语句。

（3）import：指定引入的类，0 个或多个。

（4）public class：属性为 public 的类定义，0 个或 1 个；文件名必须和公共类名相同。

（5）class：声明类，0 或多个。

（6）interface：接口定义，0 个或多个。

7.4 本章小结

本章重点介绍了 Java 语言中的接口。接口和抽象类都是"面向抽象编程"思想的重要实现方式。

在 Java 中，接口可以被看作是一组方法的声明，而不是具体实现，在接口声明中需要关注默认修饰符的问题。实现接口时，要考虑两种不同的场景应用，分别是一个类实现多个接口和一个接口被多个类实现，另外，接口和接口之间还可以实现继承。接口的使用，有效弥补了 Java 单重继承的不足，提高了程序的可扩展性。

7.5 本章习题

1. 用接口模拟打印机问题。

提示 1：抽象出彩色、黑白打印机共同的方法特征 print；

提示 2：抽象出接口 PrintFace，在其中定义抽象方法 print。

2. 创建一个名为 Vehicle 的接口，在接口中声明两个方法 start() 和 stop()。

定义类 Bike 实现 Vehicle 接口，显示"自行车启动""自行车停止"；

定义类 Bus 实现 Vehicle 接口，显示"公交车启动""公交车停止"；

创建一个主类 Test，在 main() 方法中创建 Bike 和 Bus 类的实例，并访问 start() 和 stop() 方法。

3. 实现一个车库管理系统，其中需要定义不同类型的车辆，包括轿车、卡车和摩托车，并针对每种车辆定义其最大载重和最高速度。使用接口来设计这些车辆的共性特征。

定义一个基本的接口 Vehicle，该接口包含两个方法 getMaxLoad() 和 getMaxSpeed()，用于获取车辆的最大载重和最高速度。

在这个接口的基础上分别定义子类 Car、Truck 和 Motorcycle，代表轿车、卡车和摩托车，并实现接口中的方法。在测试类中进行调用，看看能否正确地获取每种车辆的最大载重和最高速度。

第8章

异常处理

异常处理已经成为衡量一门语言是否成熟的标准之一，目前的主流编程语言如C++、C#、Ruby、Python等，大都提供了异常处理机制，增加了异常处理机制后的程序有更好的容错性，更加健壮。

在 Java 中，异常（exception）是指在程序执行期间出现的错误或问题。Java 中的异常可以分为两类：编译时异常和运行时异常。编译时异常（checked exception）通常是由于外部条件导致的，如 I/O 操作、数据库操作、网络通信等，需要在编译期间捕获并处理。而运行时异常（unchecked exception）通常是在代码已经编译完成之后才能发现，如空指针引用、数组下标越界、算术异常等，可以在运行时通过异常处理机制来处理。强大的异常处理机制使得Java 程序更加健壮和安全，同时也增加了代码的可读性和可维护性。

 学习目标

（1）理解异常处理的概念与意义；

（2）掌握 try-catch-finally 进行异常处理的方法；

（3）掌握 throw 语句抛出异常的用法；

（4）掌握 throws 语句的用法；

（5）掌握自定义异常类的创建与使用方法。

 本章知识地图

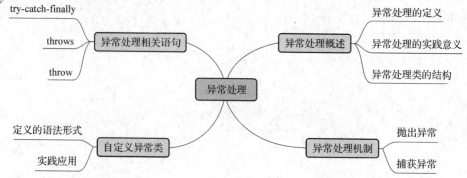

8.1　异常处理概述

在实际生活中,也会出现异常,那么人们一般是如何处理的呢? 假设每天都要去上班,在上班途中可能会出现各种各样的异常状况,比如说道路施工了,或者说堵车了,出现了各种异常以后,要怎么做呢,是不是停在路上、终止我们的生活呢? 显然不是,在实际生活当中我们会根据不同的异常进行相应的处理,而不会就此终止我们的生活。

在面向对象程序设计当中,对异常的处理和生活中的异常很像,假设在程序运行中发生文件找不到的异常、除数为 0 的异常,或者是数组下标越界的异常,出现这些情况该怎么处理,要终止程序的运行吗? 当然不是。和生活中的异常一样,在程序中出现异常时,解决异常让程序继续运行下去。

1. 异常的概念

异常又称为例外、差错、违例等,异常是特殊的运行错误对象。在程序开发中,进行异常处理的好处主要在于增加程序的健壮性。

Java 当中所说的抛出异常或者处理异常,都是针对对象进行的,这样的对象对应 Java 语言特定的运行错误处理机制。

2. 传统异常处理机制

传统异常处理机制常采用 if 分支语句,而 if 语句适合处理程序的选择结构,无法穷举所有异常情况,不适合处理异常。如下述代码。

```
openFiles;
if (theFilesOpen) {
    determine the length of the file;
    if (gotTheFileLength){
        ......
    }else errorCode =- 4 ;
}else errorCode =- 5;
```

其次,在传统异常处理程序中,错误处理代码和业务实现代码混杂,严重影响程序的可读性,会增加程序维护的难度。

3. Java 中的异常处理机制

Java 异常处理机制主要在于异常的抛出及异常的捕获和处理。

(1) 抛出异常

① 系统自动抛出的异常:所有运行异常可以由系统自动抛出。

② 指定方法抛出异常:用 throw 子句或者 throws 子句抛出。如非运行异常以及自定义异常,需要程序员使用代码抛出异常。

(2) 捕获(catch)与处理异常

① 处理方式 1:不管是系统自动抛出,还是指定方法抛出,通过这以上方式抛出的异常,在方法内都可以不处理,而交由调用此方法的程序来处理。在这种情况下,异常抛出与异常处理,可以不在同一个方法中。

② 处理方式 2：不管是系统自动抛出，还是指定方法抛出，均可以在本方法内用 try-catch-finally 语句来处理异常。

对于 Java 的异常处理，首先要抛出异常，然后再利用 catch 去捕获、处理异常。在异常处理中，常使用到 5 个关键字，分别是：try、catch、finally、throw、throws。

4. Java 中的异常类结构

Java 中的异常是特殊的运行错误对象，对应着 Java 语言特定的运行错误处理机制。

要理解 Java 异常处理是如何工作的，需要理解异常的分类。Throwable 是 java.lang 包中的类，派生两个子类，Exception 类和 Error 类。

在 Java SE 文档中的 Throwable 类结构，如图 8-1 所示。

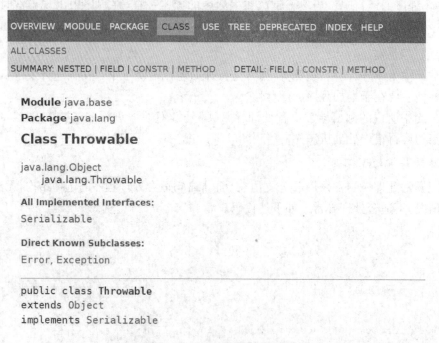

图 8-1　Throwable 类结构图

（1）错误（Error）类

Error 类用来指示运行时环境发生的错误。错误不是异常，而是脱离程序员控制的问题。错误在代码中通常被忽略。例如，当栈溢出时，一个错误就发生了。一般地，程序不会从错误中恢复。Java 程序通常不捕获错误。错误一般发生在严重故障时，它们在 Java 程序处理的范畴之外。程序本身不能处理，交给操作系统。

（2）异常（Exception）类

Exception 子类供程序员使用。所有的异常类是从 java.lang.Exception 类继承的子类。Exception 异常主要包括 Checked Exception 类和 Runtime Exception 类。

① 运行时异常（Runtime Exception）：运行时异常是可以被程序员避免的异常。与检查性异常相反，运行时异常可能在编译时被忽略。运行时异常可以不予处理，系统将采用缺省处理程序，当然，也可以手动捕获处理运行时异常。

② 检查性异常（Checked Exception）：最具代表的检查性异常是用户错误或问题引起的

异常,这是程序员无法预见的。例如要打开一个不存在文件时,一个异常就发生了,这些异常在编译时不能被简单地忽略。

简而言之,非运行异常,需要程序员显式地捕获或声明,并进行处理。Exception 分类结构如图 8-2 所示。

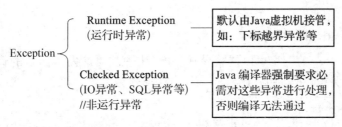

图 8-2 Exception 分类结构图

5. 自定义异常类

除了继承自 Throwable 类的 Exception 类和 Error 类,在使用中还需要使用自定义异常类,以满足实际编程的需要。综上所述,可以得出 Java 异常类的层次结构图,如图 8-3 所示。

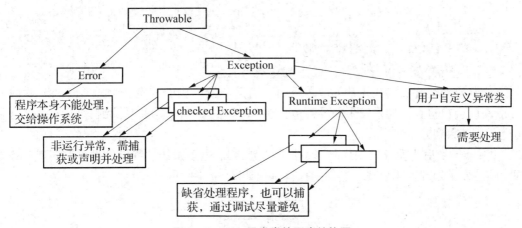

图 8-3 Java 异常类的层次结构图

8.2 异常处理方法

【任务驱动】

1. 任务介绍

通过 Scanner 类从命令行读取用户输入的年龄,并对输入进行验证。如果输入的值不是整数,则程序将抛出 InputMismatchException 异常;如果输入的年龄超过了合法范围(0~120 岁),则程序将抛出 IllegalArgumentException 异常。

2. 任务目标

掌握异常处理与实现的一般方法。

3. 实现思路

使用 try-catch 块和 Java 异常机制,对这些异常进行捕获,并输出明确的提示信息,以告诉用户输入有误,并让用户重新输入。

【知识讲解】

1. 使用 try-catch-finally 语句

使用 try 和 catch 关键字可以捕获异常。try 块中放可能发生异常的代码。try 代码块中的代码也称为保护代码,使用 try-catch 的语法格式如下:

```
try {
  //可能产生异常的代码;如出现异常,会生成一个异常对象,提交给 Java 运行时环境,此过程称
  //为抛出异常
}
catch(ExceptionType e) {
  //捕获异常对象,进行处理,可以有多个 catch 块
  //如果找不到捕获异常的 catch 块,运行时环境终止,Java 程序将退出
}
finally {
  //不论是否发生异常,都会执行,可以缺省
}
```

catch 语句包含要捕获异常类型的声明。当保护代码块中发生一个异常时,try 后面的 catch 块就会被检查。如果发生的异常包含在 catch 块中,异常会被传递到该 catch 块,这和传递一个参数到方法是一样。

其中 try 块后为业务处理代码,catch 后为异常处理代码,采用异常处理可以实现业务处理代码与异常处理代码分离。它们的执行流程如图 8-4 所示。

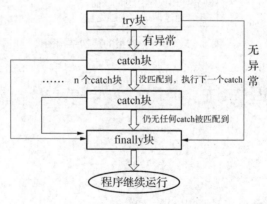

图 8-4 try-catch 执行流程

一个 try 可以对应多个 catch 和它标识的语句块。catch 的内容可以为空,但是{}不可省。

在 Java 7 以前,每个 catch 块只能捕捉一个异常。从 Java 7 开始,一个 catch 块可以捕捉多个异常。

多个异常之间用竖线隔开，多异常捕捉时，异常变量之前有隐式 final 修饰，程序在 try 块里打开了一些物理资源（例如数据库连接、网络连接和磁盘文件等），这些物理资源都必须显式回收。

为了保证一定能回收 try 块中打开的物理资源，异常处理机制提供了 finally 块。不管 try 块中的代码是否出现异常，也不管哪一个 catch 块被执行，finally 块总会被执行。程序范例如下。

源文件 8-1　Test.java

```
public class Test
{ public static void main(String[] args)
  { int i;
    int[] a = {1, 2, 3, 4};
    for (i = 0; i < 5; i ++)
      System.out.println("a[" + i + "]=" + a[i]);
    System.out.println("继续!");
  }
}
```

该段代码的运行结果会抛出 ArrayIndexOutOfBoundsException 异常。原因是循环中的 i 从 0 到 4 变化，而数组 a 的索引范围是 0 到 3，超出了数组的索引范围。所以在第 5 次迭代时，会抛出异常。

图 8-5　命令行运行结果

从这里可以看到，即使没有 try，只要出现异常，系统总会生成一个异常对象，没有 catch 处理，程序就此退出。该程序的不足之处在于：系统捕获抛出异常输出信息，同时终止程序的运行,并不符合用户的期望。

如果使用 try-catch 语句后,可以实现异常处理,确保在出现异常后,程序可以继续执行。修改后的代码如下。

源文件 8 - 2   TestTry.java

```java
public class TestTry
{ public static void main(String[] args)
 { int i;
  int[] a = {1,2,3,4};
  for (i = 0;i < 5;i ++)
  {
   try
    { System.out.print("a["+ i +"]/"+ i +"="+(a[i]/i));   }
   catch(ArrayIndexOutOfBoundsException e)
    { System.out.print("捕获到了数组下标越界异常");      }
   catch(ArithmeticException e)
    { System.out.print("异常类名称:"+ e);   }
   catch(Exception e)
    { System.out.println("捕获"+ e.getMessage()+"异常!");   }
   finally
    { System.out.println("    finally  i ="+ i);      }
   }
  System.out.println("继续!!");
 }
}
```

运行后结果如图 8 - 6 所示。

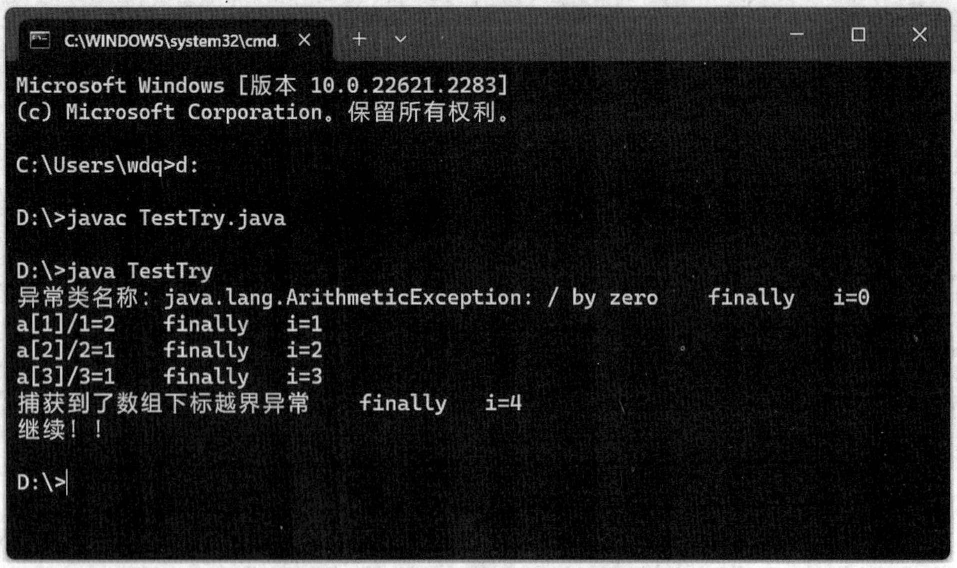

图 8 - 6   使用 try-cath 后的运行结果

注意:

(1) 一个 try 块可能会产生多种异常,后面会跟着若干个 catch 块,每个 catch 块都有一个异常类名作为参数。

(2) 按照 catch 块先后顺序判断当前异常对象可否为该 catch 块所接收。

(3) 假设 try 块中没有引发异常,则所有 catch 块都被忽略不予执行。

(4) 进入 catch 块后,执行 catch 语句块后,不再执行其他 catch 块。当满足下面两个条件的任何一个时,异常对象将被接收:异常对象与参数属于相同例外类或异常对象属于参数例外类的子类。

2. 在方法头部使用 throws 子句抛出异常

throws 用于声明该方法可能抛出的异常。在方法头部添加 throws 子句抛出异常,在产生异常的方法名后加上要抛出的异常。语法格式为:

```
[修饰符] 返回值类型 方法名([参数列表]) throws 异常类列表
{ }
```

throws 后面跟异常类列表,说明后面抛出的异常类可能不止一个。这样的 throws 子句它用于声明该方法可能抛出的异常是哪一个类的,所以说后面只写异常类的类名,而不是对象名。

例如:定义方法 compute(),可能会抛出算术异常,因此在方法头部抛出算术异常。

```
public int compute(int x) throws ArithmeticException {
  return z = 100/x;
}
```

在该方法中,并未对算术异常做任何处理。在 Java 中的解决思路为:compute()方法抛出异常 ArithmeticException,当前方法不进行处理,而由调用此方法的上级方法进行处理。这其实是异常的传播。

根据下述代码,可知调用 compute()方法的为 method1()方法。如图 8-7 所示。

```
public void method1()
{ int x, y;
  try
  {
   y = compute(x);
  }
  catch(ArithmeticException e)
  {
   System.out.println("divided by 0");
  }
}
```

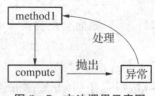

图 8 - 7　方法调用示意图

因此,可以在 method1()方法中捕获异常,并使用 try-catch 进行异常处理。

3. 在方法体内使用 throw 子句抛出异常

（1）throw 的使用

在方法体内用 throw 语句也可以抛出异常,这种时候,throw 一般被定义为在满足一定条件时执行,经常和 if 分支连用。throw 语句所抛出的就是一个具体的异常实例,且每次只能抛一个异常实例对象。

在 Java 中,throw 语句用于手动抛出异常,它是 Java 异常机制中非常重要的一部分,它可以将一个异常对象抛给调用该方法的方法进行处理,也可以将其抛给 JVM 来处理。通常情况下,当程序出现了无法自行处理的异常时,会使用 throw 语句将异常抛出,并以此来结束当前的执行流程。

具体语法格式如下:

```
throw new Exception("这是一个异常信息"); // 抛出一个异常对象
```

在上面的语句中,通过 new 关键字创建了一个 Exception 类型的对象,并将其作为参数传递给 throw 语句,从而将异常抛出。

需要注意的是,一旦抛出了异常,当前方法的执行流程就会立即停止,不再继续往下执行。因此,在使用 throw 语句抛出异常时,需要确保该异常能够被上级调用者捕获并处理,否则程序可能会崩溃或出现其他意想不到的错误。

（2）throw 与 throws 的区别

throws 指的是该方法当中可能抛出的异常,而 throw 是抛出一个具体的异常实例。这两者是不一样的。

使用 throw 和 throws 两种方式抛出异常,都可以在当前方法中处理,也可以在其他方法中处理。

4. 异常的传播

在异常传播中,有一条非常重要的规则。即一个方法产生的异常由调用它的方法进行捕获或声明。

（1）捕获

在图 8 - 7 中,compute()的方法抛出了算术异常,method1()方法调用了 compute()方法,则可以在 method1()当中捕获异常,使用 try-catch 进行处理,它还有第二种处理方式:声明。

（2）声明

在上述案例中,method1()方法中可以不处理捕获的异常,而是继续抛出异常,即声明。在方法头部再次抛出,如以下写法是完全正确的。

```
public void method1() throws ArithmeticException
{ int x,y;
  y = compute(x);
}
```

异常被 method1 方法继续抛出，那么在抛出以后由谁去处理呢？很显然，由调用 method1 的方法去处理，假设 method2() 调用了 method1() 的方法，则由 method2 去处理。

对于 method2() 而言，它也有两种选择：

① 不处理异常，可以继续在头部再去声明，抛给它的上一级；

② 在它的方法体内，使用 try-catch 去捕获，去处理。

问题：如果所有的方法都不处理，都在头部，不停地声明，不断将异常抛（传播）给上一级，会不会陷入无限的循环呢？

答案是否定的。在异常处理中存在异常传播，即沿着被调用的顺序往前寻找，只要找到符合该异常种类的异常处理程序，就交给这部分程序去处理。

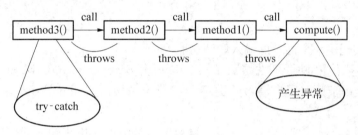

图 8 - 8　异常传播

上述案例中的 compute() 方法产生了异常，它自己没有处理，由调用它的方法 method1() 来处理。method1() 选择的处理方式，不是捕获，而是再次抛出；抛出以后，在 method2() 当中，它再次选择了抛出，如果 method3() 还不想处理，那继续向上声明继续抛出。

但这样的传播不是无限的，因为最终异常会到达 main 方法，main 方法如果继续使用 throw 抛出，那么异常将会抛给 Java 虚拟机。当 main 方法的头部抛出的异常时，由调用 main 方法的程序，那就是虚拟机去处理，虚拟机会结束程序、打印该异常的跟踪堆栈信息。

【动手实践】

下面完成任务驱动中的实践任务。

通过 Scanner 类从命令行读取用户输入的年龄，并对输入进行验证。如果输入的值不是整数，则程序将抛出 InputMismatchException 异常；如果输入的年龄超过了合法范围（0~120 岁），则程序将抛出 IllegalArgumentException 异常。

源文件 8 - 3　InputExample.java

```
import java.util.*;
public class InputExample {
  public static void main(String[] args) {
```

```
Scanner scanner = new Scanner(System.in);
try {
  System.out.print("请输入您的年龄:");
  int age = scanner.nextInt();
  if (age < 0 || age > 120) {
    throw new IllegalArgumentException("年龄不合法!");
  }
  System.out.println("您的年龄为:"+ age);
} catch (InputMismatchException e) {
  System.out.println("输入格式错误,请输入整数!");
} catch (IllegalArgumentException e) {
  System.out.println(e.getMessage());
}
  scanner.close();
 }
}
```

上述程序实现了一个简单的输入验证功能,主要思路如下。

(1) 导入需要使用的类:首先导入了两个 Java 类 Scanner 和 InputMismatchException,其中 Scanner 是用于读取用户输入的类;InputMismatchException 是用于捕获无效输入异常的类。

(2) 创建 Scanner 对象:借助 Scanner 类从控制台中读取用户输入的年龄,并将其保存在变量 age 中。

(3) 进行输入验证:当用户输入的不是整数时,这个输入肯定是无效的,此时程序会抛出 InputMismatchException 异常并提示用户重新输入整数。当用户输入的年龄超过合法范围时,程序会自定义 IllegalArgumentException 异常并在其中带有错误信息提示,然后将该异常抛出并打印出提示信息。

(4) 捕获异常并输出提示信息:对于发生的异常(包括 InputMismatchException 和 IllegalArgumentException),使用 try-catch 语句来将异常进行捕获。如果捕获到 InputMismatchException,则输出"输入格式错误,请输入整数!"作为提示信息,让用户重新进行输入。如果捕获到 IllegalArgumentException,则直接输出异常中带有的提示信息。

(5) 关闭 Scanner 对象,释放资源。

通过以上五个步骤,实现了一个简单的输入验证功能,可以提高程序的健壮性和可用性。如果用户输入了无效的或者非法的数据,也不会直接导致程序崩溃,而是可以给用户明确的提示信息并要求重新输入,从而提高了用户的体验。

在实际开发中,经常需要对用户的输入进行验证,以保证程序的正常运行。通过在程序中使用异常处理机制,可以处理输入验证时出现的各种异常情况,提高程序的鲁棒性和易用性。

【拓展提升】

在 Java 7 及以上的版本中,引入了一个新特性:try-with-resources 语句,也称为"自动关闭资源"的语句。这个特性可以自动关闭程序中打开的资源(如文件流、网络连接等),避免了手动关闭资源时出现忘记或错误关闭等问题。

try-with-resources 语句使用方式如下:

```
try(
    //此处声明的资源,系统可以自动关闭它。
)
{
    //
}
```

在 try 后面的括号中,可以通过分号将多个需要释放的资源写在其中,当 try 语句执行完成或发生异常时,Java 会自动关闭这些资源,无须手动进行关闭操作。

例如,下面的代码展示了如何使用 try-with-resources 语句来读取文件并自动关闭文件输入流:

```
try (FileInputStream fileInputStream = new FileInputStream(" example.txt")) {
    // 进行文件读取操作
} catch (FileNotFoundException e) {
    // 文件未找到异常处理
} catch (IOException e) {
    // I/O 异常处理
}
```

对于自动关闭资源的 try 语句,可以没有 catch 和 finally,try 块可以孤独地存在。

自动关闭资源的 try 语句,有两个注意点:

(1) 只有放在 try 后面的圆括号里的资源才会被关闭。

(2) 能被自动关闭的资源必须实现 Closeable 或 AutoCloseable 接口。

8.3　自定义异常类

在实际编程中,当系统提供的异常类不能体现问题特性时,应用程序常常需要抛出自定义异常。自定义的异常类需要继承 Throwable 或其子类实现,通常包含一个构造方法和一些特定的方法,以便在需要时触发异常并提供相关的信息。

【任务驱动】

1. 任务介绍

假设正在开发一个银行账户管理系统,其中包含一个 Account 类来表示用户的账户信息。在这个系统中,需要处理账户余额不足的情况,通过定义一个自定义异常类来实现。

2. 任务目标

掌握自定义异常处理与实现的一般方法。

3. 实现思路

编写一个 Account 类，包含账号和余额属性，并且定义一个方法用于提款操作。当提款金额大于账户余额时，抛出自定义的 InsufficientBalanceException 异常。请完成 Account 类的定义以及提款方法的实现，并捕获并处理可能抛出的异常。

【知识讲解】

1. 自定义异常类的结构

用户自定义异常都应该继承 Exception 基类，如果希望自定义 Runtime 异常，则应该继承 RuntimeException 基类。定义异常类时通常需要提供两种构造方法：一个是无参数的构造方法；另一个是带一个字符串参数的构造方法，这个字符串将作为该异常对象的详细说明（也就是异常对象的 getMessage 方法的返回值）。

2. 自定义异常类的语法与使用步骤

（1）声明一个类，使之以 Exception 类或其他某个已经存在的系统异常类或用户异常类为父类，语法格式如下：

```
class MyException extends Exception
{…
 }
```

（2）根据需要，可以自定义构造方法来进行初始化和传递错误信息。

（3）在合适的情况下，使用 throw 关键字抛出自定义异常对象，让相应的代码块进行异常处理。

（4）在异常处理代码块中，使用 catch 关键字捕获并处理自定义异常。

【动手实践】

完成任务驱动中银行取款不足的异常程序编写。银行账户管理系统中包含一个 Account 类来表示用户的账户信息。在这个系统中，需要处理账户余额不足的情况，通过定义一个自定义异常类来实现。

源文件 8 - 4　TestException.java

```
// 自定义异常类
class InsufficientBalanceException extends Exception {
  public InsufficientBalanceException(String message) {
    super(message);
  }
}
// Account 类
class Account {
  private String accountNumber;
  private double balance;
```

```java
// 构造方法
public Account(String accountNumber, double balance) {
    this.accountNumber = accountNumber;
    this.balance = balance;
}
// 提款方法
public void withdraw(double amount) throws InsufficientBalanceException {
    if (amount > balance) {
        throw new InsufficientBalanceException("Insufficient balance in the account.");
    } else {
        balance -= amount;
        System.out.println(" Successfully withdrawn: " + amount);
        System.out.println(" New balance: " + balance);
    }
}
}
// 示例运行代码
public class TestException {
    public static void main(String[] args) {
        Account account = new Account("123456789", 500.0);

        try {
            account.withdraw(700.0);
        } catch (InsufficientBalanceException e) {
            System.out.println("Exception: " + e.getMessage());
        }
    }
}
```

在上述例子中,Account 类代表一个账户对象,包含账号(accountNumber)和余额(balance)属性。提款操作使用 withdraw 方法实现,并通过抛出自定义的 InsufficientBalanceException 异常来处理余额不足的情况。

在 TestException 类中的示例运行代码中,创建了一个初始余额为 500.0 的账户,并尝试提款 700.0。由于账户余额不足,会抛出 InsufficientBalanceException 异常并输出异常信息。

【拓展提升】

1. 使用 Exception 的子类,而不直接使用 Exception

在异常处理中,使用 Exception 的子类而不直接使用 Exception 是为了更好地区分和处理不同类型的异常。

Exception 是所有异常类的根类,它包括了许多不同种类的异常子类。这些子类分别代表了不同类型的异常,比如 IOException、FileNotFoundException、NullPointerException 等。

使用 Exception 的子类可以更精确地捕获和处理特定类型的异常。每个异常子类都提供了特定的方法和属性,使得在处理异常时可以更加灵活和准确。通过捕获具体的异常子类,可以根据具体情况采取不同的处理方式,提高程序的可读性和可维护性。

另外,如果在异常处理中直接使用 Exception,会捕获所有可能的异常,包括那些我们可能没有预料到的异常。这样会导致程序难以区分不同的异常类型,也不方便进行相应的处理。

因此,为了更好地处理异常,建议在异常处理中使用 Exception 的子类,根据具体情况来选择捕获和处理适当的异常。

2. 异常处理中的关键点

异常处理是 Java 中的一个重要概念,主要用于处理程序运行时可能出现的各种错误和异常情况,以保证程序正常运转。在使用异常处理时,需要注意以下几点。

(1) 慎用异常处理:异常处理应该只在必要的情况下才使用,应尽量避免滥用异常处理来掩盖程序设计上的问题。

(2) 异常分类明确:Java 中异常被分为两类——受检查异常和运行时异常。前者是指在程序编译期间就能够被检查到的异常,后者则是在运行时可能会出现的异常。在处理异常时,需要明确不同类型异常的处理方式。

(3) 选择合适的异常类型:在抛出异常时,需要根据具体情况选择合适的异常类型,以便让程序调用者更容易理解所发生的问题。

(4) 更加细粒度化的异常:不要使用过于庞大的 try 块,如果系统中存在多个异常类型与目标方法抛出的异常类型相似但含义不同,则可以考虑针对不同含义分别定义更加细粒度化的异常类型,使得代码更加清晰和易于调试。

(5) 提供有意义的异常信息:避免使用 catch all 语句,在抛出异常时,应该提供有意义的异常信息,以便优化错误定位,并帮助开发人员进行排查调试。

(6) 不要忽略捕获到的异常:对于抛出的异常,不应忽略或简单地将其打印输出,并应该根据具体情况合理地处理异常,以保证程序的正常运行。

总之,在使用异常处理时,需要遵循规范的异常处理方式,避免误用或滥用异常机制,以提高程序的可靠性、安全性和可维护性。

8.4　本章小结

异常处理是一种处理程序运行时错误的机制,它可以捕获和处理在代码执行过程中可能抛出的异常。本章重点介绍了 Java 中的异常处理机制,包括异常的抛出、捕获,以及使用 try-catch-finally、throw、throws 处理异常的方法,另外,还对自定义异常类的定义与使用做了阐述。

try-catch-finally 语句是一种异常处理机制,用于捕获和处理可能发生的异常。在一个 try 块内部,可以放置一些可能会引发异常的代码。如果在 try 块中的代码执行时发生了异常,那么程序会立即跳转到 catch 块,并执行 catch 块中的代码来处理这个异常。

throw 关键字用于抛出一个异常对象。它通常出现在方法体内部,用于手动抛出异常。通过 throw 语句,我们可以将任何类型的异常对象抛出,只要它是 Throwable 类的子类或

Throwable 类本身。

throws 关键字用于声明一个方法可能抛出的异常。它通常出现在方法签名中,紧跟在方法名后面的括号中。throws 关键字后面跟着一个异常类或异常类的父类,表示方法可能抛出这些异常之一。

自定义异常类是指在 Java 编程中,程序员可以根据自己的需求来创建自定义的异常类型。Java 提供了 Exception 类作为所有异常类的父类,程序中所有异常类都是 Exception 类的子类。

8.5　本章习题

1. 要求用户输入圆的半径,然后计算并输出圆的周长和面积。如果用户输入的半径为 0,则抛出自定义的异常并进行相应的异常处理。

提示:定义了一个自定义的异常类 InvalidRadiusException,用于表示半径为 0 的无效半径错误。

2. 编程:

(1) 从键盘输入一个月份(1~12),打印输出对应的季节(春、夏、秋、冬);

(2) 如果输入的数值不在(1~12)范围内,显示"您输入的数据有误!";

(3) 使用异常处理实现上述功能。

第 9 章

Java 中的输入输出

在 Java 中,如果程序需要读取外部数据,或者将数据输出,如何实现呢? 这就需要通过输入输出(I/O)操作从外界接收信息,或者是把信息传递给外界。常见的输入输出(I/O)操作,可以使用 Scanner、System.in.out()从键盘读取数据,把信息传递给外界,但这不能满足实际项目的需要,因此需要引入新的概念——文件流。

文件流是用来读写文件的一种机制,通过输入输出(I/O)操作从外界接收信息,或者把信息传递给外界,如从外部文件中读数据,或将数据写入外部文件,它使得程序能够以一种简洁而高效的方式与外部交互。

为了方便处理不同类型的数据,Java 提供了两类文件流:字节流和字符流。

 学习目标

(1) 理解输入输出、文件流的概念与意义;
(2) 掌握字节流的创建与使用方法;
(3) 掌握字符流的创建与使用方法;
(4) 掌握随机存取文件类的使用。

 本章知识地图

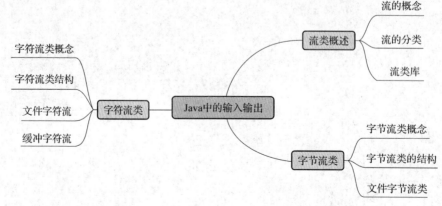

9.1 流类概述

1. 流的概念

在计算机编程中,流(stream)是指包含了一系列数据的、按照一定顺序依次传输的信息单元。也可以理解为,将不同类型的输入输出源(键盘、屏幕、文件……)抽象为流。

流可以从各种输入设备(如键盘、鼠标、磁盘、网络等)中获取数据,并将这些数据传输到输出设备(如屏幕、打印机、磁盘、网络等)中。流是一个很形象的概念,当程序需要读取数据的时候,就会开启一个通向数据源的流,这个数据源可以是文件,内存,或是网络连接。类似地,当程序需要写入数据的时候,就会开启一个通向目的地的流。就像数据在这其中"流"动一样。

流采用顺序读写的方式进行操作,即按照数据先后出现的顺序进行读取或写入。在Java 编程语言中,流也被广泛应用于文件读写、网络通信、数据传输和处理等方面,Java 提供了丰富的流类库,使得流的使用变得非常方便。

2. 流的分类

（1）按传输方向分类

按传输方向,流可以分为输入流(input stream)和输出流(output stream),其中输入流专门负责从输入设备中读取数据,而输出流专门负责向输出设备中写入数据。输入流和输出流可以并行存在,也可以配合使用来完成数据的输入和输出操作。如图 9-1 所示。

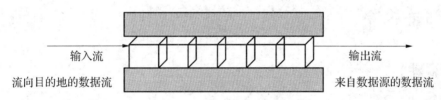

图 9-1 输入输出流示意图

在实际应用中,可以先将数据读入输入流,再通过输出流的方式将数据写出到目标设备或存储介质,完成数据的传输和处理。两者的区别在于,输入流是从数据源中读取数据到程序内存中,而输出流是从内存中写数据到目标设备或存储介质中。

（2）按传输单位分类

根据流中传输数据的单位,流还可以被划分为字节流(byte stream)和字符流(character stream)。字节流每次读写 8 位二进制数,也称为二进制流(位流);字符流一次读写 16 位二进制,将其作为一个字符而不是二进制位来处理,这里的字符指 16 位的 Unicode 编码字符,字符流一般处理文本文件。

根据不同类型的应用场景及其特点,还可以划分为缓冲流(buffered stream)和对象流(object stream)等。

3. 流类库

Java 语言的相关流类,被封装在 java.io 包中,包中的每一个流类代表一种特定的输入输出流,Java 中 IO 是以流为基础进行输入输出的,所有数据被串行化写入输出流,或者从输入流读入。用户通过输入输出流类,将各种格式的数据视为流类来处理。

除了 io 包,在 jdk1.4 及以上版本里提供的新 api(new IO),即 java.nio 包。该包中也包含相关的类,也可以进行输入输出操作。

本书中主要介绍基础 java.io 包中的相关类,涉及的相关类及其主要结构如图 9-2 所示。

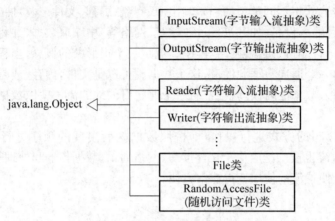

图 9-2 流类主要结构图

从图 9-2 中可以看出,字节流和字符流都是抽象类,无法直接实例化。在实际编程中,需要使用他们的子类来创建流类对象,完成程序的功能。

9.2 字节流

【任务驱动】

1. 任务介绍

使用 FileInputStream 和 FileOutputStream 实现图片复制,并修改复制后的文件名。如图 9-3 所示,将 d 盘根目录下一个名为"风景.jpg"文件复制到 e 盘根目录下,并修改复制后的文件名为"美景.jpg"。

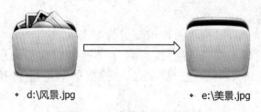

◆ d:\风景.jpg   ◆ e:\美景.jpg

图 9-3 文件复制示意图

2. 任务目标

掌握字节流的创建与使用方法。

3. 实现思路

首先创建一个 FileInputStream 对象来读取源文件"风景.jpg"的数据,接着创建一个 FileOutputStream 对象,将读取到的数据写入目标文件"美景.jpg"中,实现文件的复制效果。

【知识讲解】

1. InputStream 类与 OutputStream 类

InputStream 和 OutputStream 是字节流中两个重要的抽象类,提供了一系列方法让开发人员能够方便地对不同数据源和目标进行读写操作。它们是所有输入流和输出流的抽象基类。子类通过继承这两个类,可以实现对不同数据源和目标的读写操作。

(1) InputStream 类

InputStream 类是所有输入流(包括字节流和字符流)的超类,在该类中定义了一些抽象方法,其中包括的主要方法如下。

available():返回流中可读的字节数。

close():关闭文件流。

int read():从输入流中读取一个字节的数据并返回,如果已到达流的末尾,则返回−1。

int read(byte[] b):从输入流中读取一定数量的字节数据到字节数组 b 中,并返回实际读取的字节数。如果已到达流的末尾,则返回−1。

int read(byte[] b, int off, int len):从输入流中读取最多 len 个字节的数据到字节数组 b 的指定偏移量 off 处,并返回实际读取的字节数。如果已到达流的末尾,则返回−1。

以上所列为 InputStream 类中常见方法,作为抽象类,该类中的方法将被它的子类重写,更多类中方法,可以参考 JDK 文档,如图 9−4 所示。

Modifier and Type	Method	Description
int	available()	Returns an estimate of the number of bytes that can be read (or skipped over) from this input stream without blocking, which may be 0, or 0 when end of stream is detected.
void	close()	Closes this input stream and releases any system resources associated with the stream.
void	mark(int readlimit)	Marks the current position in this input stream.
boolean	markSupported()	Tests if this input stream supports the mark and reset methods.
static InputStream	nullInputStream()	Returns a new InputStream that reads no bytes.
abstract int	read()	Reads the next byte of data from the input stream.
int	read(byte[] b)	Reads some number of bytes from the input stream and stores them into the buffer array b.
int	read(byte[] b, int off, int len)	Reads up to len bytes of data from the input stream into an array of bytes.

Method Summary — All Methods | Static Methods | Instance Methods | Abstract Methods | Concrete Methods

图 9−4　InputStream 类中的方法

（2）OutputStream 类

OutputStream 类是所有输出流（包括字节流和字符流）的超类，定义了写入数据的抽象方法，如 write(int b)、write(byte[] b)、flush() 等，也定义了关闭输出流的方法 close()。OutputStream 的子类有 FileOutputStream、ByteArrayOutputStream 等。其中包括的主要方法如下。

void write(int b)：将指定的字节写入输出流。

void write(byte[] b)：将字节数组 b 中的所有字节写入输出流。

void write(byte[] b, int off, int len)：将字节数组 b 的指定范围内的字节写入输出流。

常见的使用场景包括文件读写、网络通信、数据传输和处理等方面。

同 InputStream 类一样，OutputStream 也是抽象类，该类中的包含的抽象方法，不能直接应用，它们将在子类中被重写。FileInputStream 和 FileOutputStream 是 Java I/O 流库中的两个基本的字节流类，它们都继承自 InputStream 或者 OutputStream。下面对分别对这两个子类进行介绍。

2. FileInputStream 类

FileInputStream 类是 Java 中用于读取文件的输入流类。它继承自抽象类 InputStream，它提供了一系列用于读取字节数据的方法。使用 FileInputStream 类可以打开一个文件，并从文件中逐个字节地读取数据。

（1）FileInputStream 类的常用构造方法

FileInputStream 类提供了多个构造方法，用于创建 FileInputStream 对象。根据具体的需求，可以选择合适的构造方法来创建 FileInputStream 对象。常见的构造方法有三种。

① FileInputStream(String name)：使用指定路径的文件名创建 FileInputStream 对象。

如以下代码，以 path 文件夹下的"file.txt"文件为数据源创建字节流类对象 fis。

```
String filePath ="path/file.txt";
FileInputStream fis = new FileInputStream(filePath);
```

② FileInputStream(File file)：使用指定的 File 对象创建 FileInputStream 对象。

如以下代码：

```
File file = new File("path/file.txt");
FileInputStream fis = new FileInputStream(file);
```

使用 File 对象 file 创建字节流类对象 fis，这里的 file 对象对应文件 path 目录下的文件"file.txt"。故这句代码的执行效果同①。

③ FileInputStream（FileDescriptor fdObj）：使用指定的文件描述符创建 FileInputStream 对象。

具体代码如下：

```
FileInputStream fis = new FileInputStream(FileDescriptor.in);
```

（2）FileInputStream 类应用举例

在使用字节流编写代码时，需要注意：在实际项目中，一般不使用绝对路径，应尽量使用相对路径。另外，这些构造方法在创建 FileInputStream 对象时可能会抛出

FileNotFoundException 异常,如果指定的文件不存在或无法访问,将会抛出该异常。

对于流类种的成员方法,调用时也必须处理异常,否则编译不能通过。

【实例】 使用 FileInputStream 打开一个文件,以便读取其内容。

源代码 9 - 1   **FileInExample.java**

```java
import java.io.FileInputStream;
import java.io.IOException;
class FileInExample
{
 public static void main(String[] args) throws IOException
 {
 int i;
 FileInputStream fin;
 fin = new FileInputStream("myfile.txt");
 do
 {
   i = fin.read();
   if(i !=- 1)
     System.out.print((char)i);
 }while(i !=- 1);
 fin.close();
 }
}
```

在上述示例中,创建了一个 FileInputStream 对象来读取指定路径的文件。然后使用 read()方法逐个字节地读取文件中的数据,直到读取到文件末尾(返回−1)为止。读取到的字节数据可以根据需要进行进一步的处理。

在该例中,未使用 try-catch 语句进行异常处理,而是通过 throws IOException,将异常传递给上级调用方法进行处理。

在该代码未指明"myfile.txt"文件的路径,则该文件和.java 源文件在相当的目录下。需要注意的是,在使用完 FileInputStream 后,应该调用 close()方法来关闭输入流,以释放相关的资源。

3. FileOutputStream 类

FileOutputStream 类是 Java 中用于用于创建一个文件,以便写入其内容。它继承自 OutputStream 类,提供了一系列用于写入字节数据的方法。

使用 FileOutputStream 类可以创建一个文件并将字节数据写入文件中。FileOutputStream 类提供了多个构造方法,用于创建 FileOutputStream 对象。

(1) FileOutputStream 类的构造方法

FileOutputStream 类的常用构造方法有三种。

① FileOutputStream(String name):使用指定路径的文件名创建 FileOutputStream 对象。

如以下代码所示：

```
String filePath ="path/to/file.txt";
FileOutputStream fos = new FileOutputStream(filePath);
```

② FileOutputStream（String name，boolean append）：使用指定路径的文件名创建 FileOutputStream 对象，并指定是否追加写入数据。

参考代码如下：

```
String filePath ="path/to/file.txt";
FileOutputStream fos = new FileOutputStream(filePath, true);
```

③ FileOutputStream(File file)：使用指定的 File 对象创建 FileOutputStream 对象。

参考代码如下：

```
File file = new File("path/to/file.txt");
FileOutputStream fos = new FileOutputStream(file);
```

（2）FileOutputStream 类应用举例

使用 FileOutputStream 类的主要流程同 FileInputStream 大体相同，需要首先创建流类对象，再使用流类中的 wirte 方法完成写操作，最后关闭文件流。在此过程中，还需要对抛出的异常进行相应的处理。

【实例】 使用 FileOutputStream 类打开一个文件，以便读取其内容。

源代码 9 - 2　FileOutExample.java

```
import java.io.FileOutputStream;
import java.io.IOException;
public class FileOutExample {
  public static void main(String[] args) {
    String filePath ="path/to/file.txt";

    try (FileOutputStream fos = new FileOutputStream(filePath)) {
        String data ="Hello, World !";
        byte[] bytes = data.getBytes();

        fos.write(bytes);
        fos.flush();

        System.out.println("数据写入完成!");
    } catch (IOException e) {
        System.out.println("发生 IO 异常:"+ e.getMessage());
    }
  }
}
```

在上述示例中，创建了一个 FileOutputStream 对象来写入指定路径的文件。

首先，将要写入的数据转换为字节数组。然后使用 write（byte[] b）方法将字节数组中的数据写入文件中。最后,调用 flush()方法来刷新输出流,确保所有数据都被写入文件。

需要注意的是,在使用完 FileOutputStream 后,也应该调用 close()方法来关闭输出流,以释放相关的资源。

【动手实践】

完成任务驱动中的案例。使用 FileInputStream 和 FileOutputStream 实现图片复制,并修改复制后的文件名。如图 9-3 所示,将 d 盘根目录下一个名为"风景.jpg"文件复制到 e 盘根目录下,并修改复制后的文件名为"美景.jpg"。

源代码 9-3　CopyPic.java

```java
import java.io.*;
public class CopyPic
{ public static void main(String[] args) throws IOException
 {FileInputStream fi = new FileInputStream("d:\风景.jpg");
  FileOutputStream fo = new FileOutputStream("e:\美景.jpg");
  System.out.println("文件的大小="+ fi.available() );
  byte[] b = new byte[fi.available()];
  int i = fi.read(b);
  fo.write(b);
  System.out.println("文件已被拷贝并被更名");
  fi.close();
  fo.close();
 }
}
```

【拓展提升】

使用 FileInputStream 和 FileOutputStream 实现文件拷贝。

假设有一个名为"source.txt"的源文件和一个名为"destination.txt"的目标文件。将"source.txt"中的内容复制到"destination.txt"中。

源文件 9-4　FileCopyExample.java

```java
import java.io.FileInputStream;
import java.io.FileOutputStream;
import java.io.IOException;

public class FileCopyExample {
 public static void main(String[] args) {
   String sourceFilePath ="source.txt";
   String destFilePath ="destination.txt";

   try (FileInputStream fileInputStream = new FileInputStream(sourceFilePath);
```

```
      FileOutputStream fileOutputStream = new FileOutputStream(destFilePath)) {

      byte[] buffer = new byte[1024];
      int bytesRead;
      while ((bytesRead = fileInputStream.read(buffer)) != - 1) {
        fileOutputStream.write(buffer, 0, bytesRead);
      }
      System.out.println("文件复制完成!");
    } catch (IOException e) {
      System.out.println("发生 IO 异常:" + e.getMessage());
    }
  }
}
```

在上述代码中,首先创建了一个 FileInputStream 对象来读取源文件的数据,然后创建了一个 FileOutputStream 对象用于数据写入目标文件中。

接下来,定义了一个大小为 1024 字节的缓冲区(byte 数组)。通过 read()方法,从源文件中读取字节数据,并将其存储在缓冲区中。read()方法返回成功读取的字节数,如果已经达到文件末尾,则返回-1。

然后,使用 write()方法将缓冲区中的字节数据写入目标文件中,从缓冲区的偏移量 0 开始,写入缓冲区中实际读取的字节数。通过循环重复执行以上步骤,直到源文件中的数据全部复制到目标文件中。

最后,输出一个完成的提示消息。在异常处理部分,如果在读取或写入文件时发生 IO 异常,IOException 将被捕获,并输出相应的错误信息。

9.3 字符流

【任务驱动】

1. 任务介绍

分别使用 FileReader 和 FileWriter 从一个文件中读取内容,并将内容写入另一个文件中,即实现文件复制功能。

2. 任务目标

掌握字符流的创建与使用。

3. 实现思路

创建了一个 FileReader 对象,使用 readXX()来读取源文件的数据,然后创建了一个 FileWriter 对象,使用 writeXXX()方法用于数据写入目标文件中。

【知识讲解】

1. 字符流类概述

在 Java 中,字符流是一组用于读取和写入字符数据的 I/O 类。它们是基于字节流类的高级封装,用于处理文本数据。字符流建立了一条通往字符文件的通道,在该通道中,一次读写 16 位二进制,将其作为一个字符而不是二进制位来处理。具体使用中需要读和写方法实现对字符数据的读写,字符流一般用来处理文本文件。

字符流的基类为:Reader 类与 Writer 类。字符流类的基本结构如图 9-5 所示。

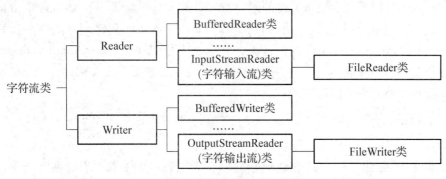

图 9-5　字符流类结构图

在本节中主要介绍 FileReader 类与 FileWriter 类、BufferReader 类与 BufferWriter 类。

2. Reader 类与 Writer 类

Reader 类与 Writer 类是 Java I/O 流体系中的两个基本的字符流类,用于以字符为单位的读取和写入数据。

（1）Reader 类

字符输入流用于从字符输入源(如文本文件)读取字符数据。Reader 类是所有字符输入流类的抽象基类,用于读取字符数据。它提供了一系列的读取方法。该类中定义了从输入流读取数据的常用方法,比如 read()、read(char[] cbuf)等。

int read()：从输入流中读取一个字符的数据并返回,如果已到达流的末尾,则返回-1。

int read(char[] cbuf)：从输入流中读取一定数量的字符数据到字符数组 cbuf 中,并返回实际读取的字符数。如果已到达流的末尾,则返回-1。

int read(char[] cbuf, int off, int len)：从输入流中读取最多 len 个字符的数据到字符数组 cbuf 的指定偏移量 off 处,并返回实际读取的字符数。如果已到达流的末尾,则返回-1。

（2）Writer 类

Writer 类是所有字符输出流类的抽象基类,用于写入字符数据。它提供了一系列向输出流写入数据的方法,比如 write(int c)、write(String str)等。

void write(int c)：将指定的字符写入输出流。

void write(char[] cbuf)：将字符数组 cbuf 中的所有字符写入输出流。

void write(char[] cbuf, int off, int len)：将字符数组 cbuf 的指定范围内的字符写入输

出流。

这些方法是流类基类的核心方法,它们提供了读取和写入数据的基本操作。具体的子类(如 FileReader 和 FileWriter 类、BufferedReader 和 BufferedWriter 等)会根据不同的需求和特定的数据源或目标提供更多的功能和扩展方法。

3. FileReader 类与 FileWriter 类

FileReader 类和 FileWriter 类是 Java 中用于读取和写入文件的字符流类。它们可以用于以字符为单位进行文件的读取和写入操作。

(1) FileReader 类

FileReader 是用于读取字符文件的便捷类。它继承自抽象类 InputStreamReader,并扩展了其功能以支持读取字符流。可以使用 FileReader 来逐个字符地从文件中读取数据。FileWriter 是用于写入字符文件的便捷类。它继承自抽象类 OutputStreamWriter,并扩展了其功能以支持写入字符流,可以使用 FileWriter 将字符数据写入文件。

FileReader 类的常见构造方法:

```
public FileReader(String name)
```

例:利用 FileReader 类读取文本文件"d:\java\test.txt"。

在该程序中,创建了一个文件输入流对象,读取文件中的字符并存储在字符数组中,然后将字符数组转换为字符串并输出,最后关闭文件流。

源代码 9 - 5　FileReaderTest.java

```
import java.io.*;
public class MyFileReaderTest{
 public static void main(String[] args) throws IOException  {
 char[] c = new char[500];
 FileReader fr = new FileReader("d:\java\test.txt");
 int num = fr.read(c);
 String str = new String(c,0,num);
 System.out.println("读取的字符个数为:"+ num +",其内容如下:");
 System.out.println(str);
 fr.close();
 }
}
```

代码首先声明了一个名为 c 的字符数组,大小为 500,用于存储读取的字符。接着,创建了一个 FileReader 对象 f,它将被用来读取文件内容。文件名为"d:\java\test.txt"。

程序调用 read()方法来读取文件中的字符,并将实际读取的字符数量存储在变量 num 中。读取后,将字符数组 c 中的字符转换为字符串,并赋值给字符串对象 str。

然后,程序输出读取的字符个数和内容。最后,程序通过调用 close()方法关闭文件流,释放资源。

(2) FileWriter 类

FileWriter 类的常见构造方法为:

```
public FileWriter(String filename)
public FileWriter(String filename,boolean a)
```

如果 a 设置为 true,则会将数据追加在原文件后面。

源代码 9-6 FileWriterTest.java

```
import java.io.*;
public class MyFileWriterTest{
 public static void main(String[] args) throws IOException {
  FileWriter fw = new FileWriter("d:\java\test.txt",true);
  char[] c ={'H', 'e', 'l', 'l', 'o', '\r', '\n'};
  String str ="欢迎学习 Java 程序设计!";
  fw.write(c);
  fw.write(str);
  fw.close();
 }
}
```

这段 Java 代码主要用于测试文件写入的功能。首先,创建一个 FileWriter 对象 fw,用来向" d:\java\test.txt"这个文件写入数据。第二个参数 true 表示如果文件已经存在,那么将会在文件的末尾追加内容,而不是覆盖原有的内容。接下来创建一个字符数组 c,包含了一些字符和一个回车符和一个换行符。创建一个字符串 str,内容为"欢迎使用Java!"。再使用 fw.write(c)将字符数组 c 的内容写入文件,使用 fw.write(str)将字符串 str 的内容写入文件。最后,使用 fw.close()关闭文件流对象。

4. BufferReader 类与 BufferWriter 类

BufferedReader 类和 BufferedWriter 类是 Java I/O 流中的字符缓冲流类,提供了对文本文件进行高效读写操作的功能。

(1) BufferedReader 类

BufferedReader 类继承自 Reader 类,提供了缓冲功能,可以高效地读取字符数据在 Reader 流的基础上添加了缓冲功能。它重写了 Reader 类中的一些方法,并提供了额外的方法,如 readLine()可以方便地读取一行文字内容,read(char[] cbuf, int off, int len)读取指定长度的字符等。

使用 BufferedReader 读取文件时,会先将数据存储在内部缓冲区,从而减少了磁盘 I/O 的次数,提高了读取效率。

BufferedReader 类的常见构造方法:

```
public BufferedReader(Reader in)
//创建缓冲区字符输入流
public BufferedReader(Reader in,int size)
//创建缓冲区字符输入流,并设置缓冲区大小
```

(2) BufferedWriter 类

BufferedWriter 类是 Writer 类的子类,在 Writer 流的基础上添加了缓冲功能。提供了

用于写入文本数据的方法,如 write()和 newLine()。使用 BufferedWriter 写入文件时,会先将数据存储在内部缓冲区,根据缓冲区的状态决定是否真正写入到硬盘上,减少了频繁的磁盘写入操作,提高了写入效率。

缓冲区内的数据最后必须要用 flush()方法将缓冲区清空,即全部写到文件内。

BufferedWriter 类的常见构造方法:

```
public BufferedWriter(Writer out)
public BufferedWriter(Writer out,int size)
```

创建缓冲区字符输出流,并设置缓冲区大小。

使用 BufferedReader 和 BufferedWriter 的一般步骤如下:

(1) 创建 BufferedReader 对象或 BufferedWriter 对象,参数为相应的底层 Reader 或 Writer 对象,例如可以将 BufferedReader 与 FileReader 结合使用。

(2) 通过调用相应的方法进行读写操作,如使用 readLine()方法读取一行数据,使用 write()方法写入数据,使用 newLine()方法写入换行符等。

(3) 在读写完成后,需要关闭流以释放资源。

(4) 使用 BufferedReader 和 BufferedWriter 的好处是它们可以提高 I/O 性能,尤其是在读写大量文本数据时,由于采用了缓冲机制,减少了磁盘 I/O 的次数,从而提高了读写效率。

【动手实践】

使用所学知识完成任务驱动中的案例,借助 FileReader 和 FileWriter 类从一个文件中读取内容,并将内容写入另一个文件中。

源代码 9-7　FileCopyExample.java

```java
import java.io.FileReader;
import java.io.FileWriter;
import java.io.IOException;

public class FileCopyExample {
  public static void main(String[] args) {
    String sourceFilePath ="source.txt";
    String destFilePath ="destination.txt";
    try { FileReader fileReader = new FileReader(sourceFilePath);
      FileWriter fileWriter = new FileWriter(destFilePath)) {
      int character;
      while ((character = fileReader.read()) !=- 1) {
        fileWriter.write(character);
      }
      System.out.println("文件复制完成!");
    } catch (IOException e) {
      System.out.println("发生 IO 异常:"+ e.getMessage());
```

```
    }
  }
}
```

在代码中,假设有一个名为"source.txt"的源文件和一个名为"destination.txt"的目标文件。首先,创建了一个 FileReader 对象来读取源文件中的数据,然后创建了一个 FileWriter 对象用于写入数据到目标文件中。接下来,使用 read()方法从源文件中逐个字符地读取数据。读取的字符会被写入目标文件中,直到读取完整个文件。

注意,在程序结束后,需要调用 close()方法关闭 FileReader 和 FileWriter 以释放资源。如果在读取或写入文件时发生 IO 异常,IOException 将被捕获,并输出相应的错误信息。

【拓展提升】

使用 BufferedReader 和 BufferedWriter 类从一个文件中读取内容,并将内容写入另一个文件中。

源代码 9 - 8　BufferFileCopy.java

```java
import java.io.BufferedReader;
import java.io.BufferedWriter;
import java.io.FileReader;
import java.io.FileWriter;
import java.io.IOException;

public class BufferFileCopy {
  public static void main(String[] args) {
    String sourceFilePath ="source.txt";
    String destFilePath ="destination.txt";

    try (BufferedReader reader = new BufferedReader(new FileReader(sourceFilePath));
      BufferedWriter writer = new BufferedWriter(new FileWriter(destFilePath))) {
      String line;
      while ((line = reader.readLine()) != null) {
        writer.write(line);
        writer.newLine(); // 写入换行符
      }

      System.out.println("文件复制完成!");
    } catch (IOException e) {
      System.out.println("发生 IO 异常:"+ e.getMessage());
    }
  }
}
```

程序中首先定义两个字符串变量 sourceFilePath 和 destFilePath,分别代表源文件路径和目标文件路径。这里,路径分别设置为"source. txt"和"destination. txt"。创建一个 BufferedReader 对象,用来读取源文件的内容。这个 BufferedReader 对象接收一个 FileReader 对象作为参数,FileReader 对象负责打开和读取源文件的内容。

同时,尝试创建一个 BufferedWriter 对象,用来内容写入目标文件。这个 BufferedWriter 对象接收一个 FileWriter 对象作为参数,FileWriter 对象负责打开并将内容写入目标文件。

使用 BufferedReader 的 readLine()方法逐行读取源文件的内容。这个方法每次读取一行内容,如果读到文件的末尾,会返回 null。对于每一行读取到的内容,使用 BufferedWriter 的 write()方法写入目标文件,然后通过调用 newLine()方法写入一个换行符。这样做的目的是保持源文件的格式和结构在目标文件中得以保留。

如果在读取或写入过程中发生了 IOException 异常,会在 catch 语句块中捕获这个异常,并打印出相关异常的错误信息。

9.4 标准输入输出

在 Java 中,标准输入和输出是通过 System.in 和 System.out 对象实现的。

System.in 是一个 InputStream 对象,用于读取标准输入(键盘输入)。

System.out 是一个 PrintStream 对象,用于向标准输出(控制台)打印数据。

在编程中,可以使用 Scanner 类来读取标准输入,也可以使用 System.out.println()方法来向标准输出打印数据。

源文件 9 - 9 StandardIOExample.java

```
import java.util.Scanner;
public class StandardIOExample {
  public static void main(String[] args) {
    Scanner scanner = new Scanner(System.in);

    System.out.print("请输入一个整数: ");
    int number = scanner.nextInt();

    System.out.print("请输入一个字符串: ");
    String input = scanner.next();

    System.out.println("你输入的整数是: "+ number);
    System.out.println("你输入的字符串是: "+ input);
  }
}
```

在上面的示例中,使用 Scanner 类从标准输入读取一个整数和一个字符串,然后使用 System.out.println()方法向标准输出打印这些数据。

9.5　本章小结

　　本章主要介绍了 Java 中利用流进行输入输出的特点与基本使用方法。重点介绍了字节流、字符流的创建与使用方法。

　　在 Java 中，字节流用于处理字节数据，字节流可以读取和写入任何类型的数据，包括文本和二进制数据。Java 提供了两个主要的字节流类：InputStream 和 OutputStream。这两个类是所有字节流类的抽象基类，它们提供了读写字节的基本方法。本章重点介绍了 InputStream 和 OutputStream 的子类，即 FileOutputStream 类和 FileOutputStream 类，通过这两个类们可以从文件中读写字节数据。

　　字符流是处理文本数据的高级封装，字符流相比于字节流，更适合处理字符数据，它提供了读取和写入文本数据的方法，并解决了字符编码和解码的问题。Java 中的字符流类主要有两个基类，分别是 Reader 类和 Writer 类。它们是字符输入和输出的顶级父类，提供了一系列用于读取和写入字符数据的方法。本章介绍了 FileReader 和 FileWriter 类用于写入字符文件的读写。BufferedReader 类和 BufferedWriter 类则提供了缓冲功能，可以高效地读写字符数据。

　　在实际应用中，根据需要选择合适的流类进行操作。

9.6　本章习题

　　1. 阅读并调试以下代码，对运行结果进行分析，并改正此代码。

源代码 9 - 10　IOTest.java

```java
import java.io.*;
class IOTest {
 public statics void main(String args[]) {
  try {
   byte bArray[]= new byte[128];
   System.out.println("Enter something:");
   System.in.read(bArray);
   System.out.print("You entered:");
   System.out.println(bArray);
  }catch(IOException ioe) {
   System.out.println(ioe.toString());
  }
 }
}
```

　　2. 新建目录 Source，在其中新建文件 file1.txt，在其中输入"我爱你，中国！"。要求将其中的文件内容复制到目录 Test 下，复制后的文件名为 out.txt 文件中，使用字符流类完成。

参考文献

[1] 陈国君. Java 程序设计基础(第 7 版)[M].北京:清华大学出版社,2021.

[2] 朱毅.Java 程序设计基础[M].微课版.北京:清华大学出版社,2022.

[3] 张晓龙.Java 程序设计简明教程[M].北京:电子工业出版社,2022.

[4] 李松阳. Java 程序设计基础与实战[M].北京:人民邮电出版社,2022.

[5] 李刚.疯狂 Java 讲义(第 5 版)[M].北京:电子工业出版社,2019.